魔法講盟

密室逃脫
創業育成
Innovation & Startup SEMINAR

失敗才是創業的常態，您卡關了嗎？

在台灣，創業一年內就倒閉的機率高達90%，而存活下來的10%中又有90%會在五年內倒閉，也就是說能撐過前五年的創業家只有1%！

一個創業事業的失敗往往不是一個主因造成，而是一連串錯誤和 N 重困境累加所致，猶如一間密室，要逃脫密室就必須不斷地發現問題、解決問題。

「密室逃脫創業育成」由神人級的創業導師——**王晴天** 博士主持，以一個月一個主題Seminar 研討會形式，帶領欲創業者找出「真正的問題」並解決它，人人都有老闆夢，想要創業賺大錢，您非來不可！

保證有結果的國際級課程

保證大幅提升您創業成功的機率增大數十倍以上

01

許多的新創如雨後春筍般出現，最終黯然退場的也不少。
沒有強項只想圓夢的創業、沒有市場需求的創業、搞不定人、
跟風、趕流行的創業項目⋯⋯
這些新創難逃五年內會陣亡的魔咒!!

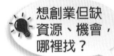

想創業但缺資源、機會，哪裡找？

創業夥伴怎麼選？

資金短缺/融資用完，怎麼辦？

如何因應競爭者的包圍？

創業，會遇到哪些挑戰？
從0到1、從生存到成功⋯⋯
絕對不容易！！

市場變化快速，如何瞭解消費者最新需求？

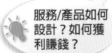

服務/產品如何設計？如何獲利賺錢？

經營、管理、領導的異同為何？

其實，創業跟你想像中的很不一樣⋯⋯

創過業的人才懂創業家的痛點

☑ 我想創業，哪些事情「早知道」會更好？

☑ 想創業但缺資源、機會，哪裡找？

☑ 盈利模式不清晰，發展陷入迷局？

☑ 我想自創品牌，該如何切入？

☑ 經營團隊能力不能互補，如何精準「看人」？

☑ 如何達成銷售額最大化和成本最小化？

☑ 行銷如何 STP 精準做到位？

☑ 賺一次的錢？還是持續賺客戶的錢？

☑ 急著賺錢：卻失去了客戶的核心價值，咋辦？

☑ 以為產品比對手好，消費者就會買單嗎？

在創業導師團隊的協助與指引下，

帶您走出見樹不見林的誤區，

一起培養創業腦！

創業導師傳承智慧
拓展創業的
視野與深度

由神人級的創業導師──

王晴天博士親自主持，以一個月一個主題的博士級 Seminar 研討會形式，透過問題研討與策略練習，帶領學員找出「真正的問題」並解決它，學到公司營運的實戰經驗。激發創業者自身創造力，提升尋求解決辦法和對策的技能，完成蛻變，至創業成功財務自由為止！

經由創業導師的協助與指引，能充分了解新創公司營運模式，
同時培養創新思維，
引導您成為未來的新創之星。

不只教你創業，是一起創業

密室逃脫創業培訓，

採行**費曼式學習法**，由創業導師**王晴天**博士親自主持，以其三十多年創業實戰經驗為基調，並取經美國Draper University（DU）、SLP（Startup Leadership Program）、貝布森學院（Babson College）、日本盛和塾、松下幸之助經營塾、中國的湖畔大學……等東西方最夯的國際級創業課程之精華，融合最新的創業趨勢、商業模式，設計規劃**「密室逃脫創業育成」**課程，精煉出數十道創業致命關卡的挑戰！以一個月一個主題的博士級 Seminar 研討會形式，透過學員分組 Case Study、分享解決之道，在老師與學員的互動中進行問題研討與策略練習，學到公司營運的實戰經驗，突破創業困境。再輔以〈一起創業吧〉的專業團隊輔導，手把手一起創業賺大錢！

體驗創業 → 沙盤推演 → 成功見習

用行動去學習：
費曼式學習法

由諾貝爾物理獎得主
理查德費曼（Richard Feynman）
所創造費曼學習法的核心精神——
透過「**教學**」與「**分享**」
加速深度理解的過程，
分享與教學，能加深記憶，
轉換成為內在的知識與外顯的能力。

教學就是最好的內化與驗證
「你是不是真的懂了？」的方式，
如果你不能運用自如，
怎麼教別人呢？

一個人只有通過教·學·做，才能真正學會！　掃碼了解更多▶

One can only learn by teaching

書讀得再多、學習得再廣，
如果不能寫出來、不能向別人說出來，
就無法成為自己的東西。

教學能讓大腦由被動接受轉為主動創造而刺激學習效能。

美國國家訓練實驗室研究證實，不同的學習方式，
學習者的平均效率是完全不同的。

傳統學習方式

例如聽講、閱讀，屬
於被動的個人學習，
學習吸收率低於**30%**。

主動學習法

例如小組討論，轉教
別人，學習吸收率可
以達到**50%**以上。

模擬教學學習法

費曼強調的「模擬教
學學習法」，吸收率
達到了**90%**！

而又如何能達到 99% 的信度與效度呢？

創業有方法，成功也有門道！

Ans: 晴天式
學習 &OPM
、EMBI……

Learning by Experience

★ 經驗與新知相乘
★ 西方與東方相輔
★ 資源與人脈互搭

「密室逃脫創業育成」課程，提供一套落地實戰，歐美、兩岸都熱衷運用的創業方法論。每月選定一創業關卡主題，由學員負責講授分享，再由創業導師點評、建議策略與指導，並有創業教練的陪伴式輔導，確保您一直走在正確的道路上，直至創業成功為止！

教中學、學中做 的授課形式 »

專家講座　問題討論　主題分享
資本運營　團隊學習　角色扮演　創業模擬
眾籌募資　企業參訪　實戰分析
創業聚會　Case Study

如何避免陷入創業困境和失敗危機？

　　創業，或是任何一個新事業，都需要細密、有邏輯性的規劃與驗證。創業者難免在犯錯中學習成長，但有許多錯誤可以透過事前分析來預防，降低創業團隊的試錯成本。

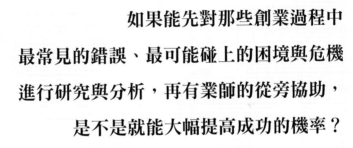

　　如果能先對那些創業過程中最常見的錯誤、最可能碰上的困境與危機進行研究與分析，再有業師的從旁協助，是不是就能大幅提高成功的機率？

　　有三十多年創業實戰經驗的王博士，有豐富的成功經驗及宏觀的思維，將帶領有志創業或正在創業路上的你，一一挑戰每月的創業任務枷鎖，避開瞎子摸象或見樹不見林的盲點，少走冤枉路，突破誤區！

沒有空談，只有乾貨

課程架構

創業
智能養成

×

落地實戰
技術育成

「密室逃脫創業育成」
課程架構與規劃——

我們將新創公司面臨的關鍵挑戰分成：**營運發展、市場、資金、管理、團隊**這五大面向來討論。每一面向之下，再選出創業家要面對的問題與關卡如：**價值訴求、目標客群、行銷、品牌、通路、盈利模式、用人、識人、風險管理、資本運營**……等數十個課題，做為每月主題來研究與剖析，由專業教練手把手帶你解開謎題，只有正視困境，才能在創業路上未雨綢繆，突破創業困境，走向成功。

密室逃脫
創業育成

營運
發展
◆ 價值訴求
◆ 目標客群
◆ 產品定位
◆ 趨勢與法規

市
場
◆ 行銷
◆ 品牌
◆ 通路
◆ 顧客經營

團
隊
◆ 識人
◆ 用人
◆ 團隊領導

管
理
◆ 阿米巴經營
◆ 風險控管
◆ 借力與整合

資
金
◆ 盈利模式
◆ 成本控管
◆ 資本運營

　　將帶給您保證有效的創業智慧與經驗，並結合歐美日中東盟……等最新趨勢、新知與必備知識，如最夯的「阿米巴」、「反脆弱」、OKR、跨界競爭、平台思維、新零售、全通路、系統複製、卡位與定位、社群化互聯網思維、沉沒成本、價格錨點、邊際成本、機會成本、USP → ESP → MSP、ROE、格雷欣法則、雷尼爾效應、波特・五力模型……等全方位、無死角的知識與架構我們已為您備妥！在名師指引下，手把手地帶領創業者們衝破創業枷鎖。

　　來參加密室逃脫創業培訓的學員，
保證提升您創業成功的機率增大數十倍以上！

Innovation & Startup SEMINAR

你是否對創業有興趣，卻不知從何尋找資源？

醞釀許久的好點子，卻不知如何起步？

正在創業，卻面臨資金及人才的不足？

有明確的創業計劃，卻不知該如何行動？

別再盲目摸索了──

一年 Seminar 研究
二年 Startup 個別指導
三年保證創業成功賺大錢！

🕐 時間：★為期三年★

每月第三週
- 星期二 15:00 起 ▶ 創業 Seminar
- 星期四 15:00 起 ▶ 創業弟子密訓及見習
- 星期五晚上 ▶〈我們一起創業吧〉

💲 費用：★非會員價★ 280,000 　★魔法弟子★ 免費

🏠 上課地點
　新北市中和區中山路二段 366 巷 10 號 3 樓　中和魔法教室

★★★ 弟子永續免費受訓！手把手一起創業賺大錢！保證成功！★★★

世上最有效的企業經營理念——

創業/阿米巴經營

讓你跨越時代、不分產業，一直發揮它的影響力！

2010 年，有日本經營之聖美譽的京瓷公司（Kyocera）創辦人稻盛和夫，為瀕臨破產的日本航空公司進行重整，一年內便轉虧為盈，營收利潤等各種指標大幅翻轉，成為全球知名的案例。

這一切，靠得就是 阿米巴經營！

阿米巴（Amoeba，變形蟲）經營，為稻盛和夫在創辦京瓷公司期間，所發展出來的一種經營哲學與做法，至今已經超過 50 年歷史。其經營特色是，把組織畫分為十人以下的阿米巴組織。每個小組織都有獨立的核算報表，以員工每小時創造的營收作為經營指標，讓所有人一看就懂，幫助人人都像經營者一樣地思考。

魔法講盟傳授您一套……
締造 3 間世界 500 強公司，
歷經 5 次金融海嘯，
60 年持續高利潤，
從未虧損的經營模式！

☑ 如何幫助企業創造高利潤？
☑ 如何幫助企業培養具經營意識人才？
☑ 如何做到銷售最大化、費用最小化？
☑ 如何完善企業的激勵機制、分紅機制？
☑ 如何統一思想、方法、行動，貫徹老闆意識？

阿米巴經營＝
經營哲學×阿米巴組織×經營會計

將您培訓為頂尖的經營人才，
讓您的事業做大・做強・做久，
財富自然越賺越多！！

新・絲・路・網・路・書・店
silkbook○.com

開課日期及詳細授課資訊，請上
https://www.silkbook.com 查詢或撥打真人
客服專線 02-8245-8318

13

超級好講師 徵的就是你

▶▶▶ **最好的斜槓就是當講師**

☑ 你渴望站在台上辯才無礙，為自己創造下班後的斜槓收入嗎？

☑ 你經常代表公司進行教育訓練，希望能侃侃而談並成交客戶嗎？

☑ 你自己經營個人品牌，卻遲遲無法跨越站上舞台的心理障礙嗎？

☑ 你渴望站在台上發光發熱，躍升成為受人景仰的專業講師嗎？

世界上最重要的致富關鍵，就是你說服人的速度有多快，而最極致的說服力就來自於一對多的演說。手拿麥克風站上演講台，一邊分享知識、經驗、技巧，還可以荷包賺滿滿，讓人脈源源不絕聚集而來，擴大影響半徑並創造合作機會，建構斜槓新人生！不論您從事任何行業，都應該了解海軍式的會議營銷技巧，以講師斜槓幫助本業！在成為講師的路上，**魔法講盟** 成就你成為超級好講師的夢想!!

只要你願意……

魔法講盟幫你量身打造成為超級好講師的絕佳模式！

魔法講盟幫你搭建好發揮講師魅力的大小舞台！

只要你願意……

你的人生，就此翻轉改變；你的未來，就此眾人稱羨！

別再懷疑猶豫，趕快來翻轉未來，點燃夢想！

成果發表

上台演練

課後調整

學習方法

教案設計

5 階段培訓

魔法講盟・專業賦能
超級好講師，真的就是你！

課程內容 *About*

現在是個人人都能發聲的自媒體時代，魔法講盟推出一系列成為超級好講師課程，並端出**成功主餐**與**圓夢配餐**為超級好講師量身打造專屬於您的圓夢套餐，完整的實戰訓練＋個別指導諮詢＋終身免費複訓，保證晉級A咖中的A咖！

進階課程

Advanced level

自由配
任你選

成功主餐
公眾演說、講師培訓
百強PK、出書出版
影音行銷、超級IP...

圓夢配餐
區塊鏈、BU
密室逃脫、自己的志業
自己的產品、自己的項目
自己的服務、WWDB642...

課程資訊 *Information*

時間

2020年 ▶ 7/24 (五)、8/28 (五)、9/8 (二)、9/22 (二)、9/25 (五)、10/30 (五)、11/10 (二)、11/24 (二)、12/22 (二)

2021年 ▶ 1/8 (五)、1/12 (二)、2/5 (五)、3/5 (五)、3/9 (二)、4/9 (五)、4/13 (二)、5/7 (五)、5/25 (二)、6/4 (五)、7/2 (五)、7/13 (二)、8/6 (五)、9/3 (五)、9/28 (二)、10/1 (五)、10/26 (二)、11/5 (五)、11/9 (二)、12/3 (五)、12/14 (二)、12/28 (二) …

掃碼報名

地點 **中和魔法教室**
新北市中和區中山路2段366巷10號3樓
位於捷運環狀線中和站與橋和站間
半圓形郵局西巷子裡

客服專線 **(02)8245-8318**

~~課程原價$19800~~ **僅收場地費$100**

由於每堂課的講師與主題不同，建議您可以重複來學習喔！

夢·想

世界共同的頻率

DSC 總裁 David Chin
穿越白色巨塔的初衷力

Development of
Super Cell

David Chin ◎著
林衍廷 ◎撰稿

夢想：世界共同的頻率
DSC總裁David Chin穿越白色巨塔的初衷力

出版者●集夢坊
作者●David Chin
總撰稿者●林衍廷
圖片編排●黃葵昇
印行者●全球華文聯合出版平台
總顧問●王寶玲
出版總監●歐綾纖
副總編輯●陳雅貞
責任編輯●Riza
美術設計●Mao、林保秋
內文排版●王芋崴

國家圖書館出版品預行編目（CIP）資料

夢想：世界共同的頻率：DSC總裁David Chin穿
越白色巨塔的初衷力／David Chin 著
--新北市：集夢坊出版，采舍國際有限公司發行
2020.9　面；　公分
ISBN 978-986-99065-3-1（平裝）
1.創業　2.傳記　3.成功法

494.1　　　　　　　　　　　　109011535

商標聲明
本書部分圖片來自Freepik網站，其
餘書中提及之產品、商標名稱、
網站畫面與圖片，其權利均屬該公
司或作者所有，本書僅做介紹參考
用，絕無侵權之意，特此聲明。

台灣出版中心●新北市中和區中山路2段366巷10號10樓
電話●(02)2248-7896　　　　傳真●(02)2248-7758
ISBN●978-986-99065-3-1　出版日期●2020年9月初版

郵撥帳號●50017206采舍國際有限公司（郵撥購買，請另付一成郵資）
全球華文國際市場總代理●采舍國際 www.silkbook.com
地址●新北市中和區中山路2段366巷10號3樓
電話●(02)8245-8786　　　　傳真●(02)8245-8718

全系列書系永久陳列展示中心
新絲路書店●新北市中和區中山路2段366巷10號10樓　　　電話●(02)8245-9896
新絲路網路書店●www.silkbook.com　華文網網路書店●www.book4u.com.tw

跨視界‧雲閱讀 新絲路電子書城 全文免費下載 新‧絲‧路‧網‧路‧書‧店 silkbook○com

| 作者序 |

同頻共振，迎向未來

　　各位讀者們大家好，我是 David Chin，很高興您能打開這本書，並仔細閱讀它。DSC 是我這些年來下定決心、挖空心思要留給社會的資產，期待這將有助於我們逐漸凝聚社群每一分子的「共識」，達到同頻的境界，進而創建一個美好的生態圈！「慈悲心」是 DSC 創建時的一個重要元素！您將發現，任何人推動這個社群的過程就是參與了一趟慈善的旅程！

　　翻開這本書的您，在世界上獨一無二、非池中物，待您更深入了解 DSC，我相信您會發現更多驚喜！

　　這不是包裝，而是具體的方案，包括基金會、青創育成協會，以及 APP 的整個設計邏輯，環環相扣地創建起一個善的循環，一個充滿愛與智慧的能量場！本書將會從許多角度來與大家分享這個概念！若個人能進入心腦偕振的狀態，進而跟隨著宇宙頻率共振，這是一種「開悟」的過程。但因為這概念相當抽象，並且難以「現有科學量化」，因此一般人很難進入這個修行的領域！

　　大部分的平台收取了供應商的通路利潤後就直接放進平台口袋！DSC 的可貴在於願意把這些通路利潤拿出來「讓利」！這也肇因於

我們認為人要懂得「感恩」！平台要感恩，供應商也要懂得感恩，感謝那些曾經協助分享推廣的夥伴們！「感恩」是我們想傳遞的理念，希望平台上所有的角色都能透過實踐感受到其價值！

讀完本書，您會更加發現，DSC 的確是一個提升世界效率的工具，而且最可貴的是它符合人性！我會傾盡所有心力打造 DSC 生態圈，更歡迎像各位一般有理想的夥伴，與我們一起共襄盛舉！我們一起努力！每個人的靈機一動在將來都有機會落實！

DSC 既然是一個共振「融合」社群，「包容性大」便是它的一大特色，「共榮共贏」本來就是我們的核心價值，對此，我的態度是開放的，任何商機都歡迎合作！而且我相信大家都很樂意跟我們合作，因為 DSC 的設計很特別，我們帶給供應商夥伴的價值遠超過單純「流量」的概念！

接下來就來談談 DSC 很重要的一個概念——「分享」。「分享」在本質上是一種「佈施」，源自於「慈悲心」。佛法裡有「財佈施」、「法佈施」、「無畏佈施」，這三種「佈施」透過 DSC 都能實踐。我們與國際青創育成協會合作，提供對弱勢團體與有志青年的樂善捐款。針對有心創業卻沒有啟動資金的朋友，我們會運用善款協助他們擁有溯源軟件，進而開啟他們的 DSC 商機。每一筆善心捐款都有對應支持的創業青年，我們深覺得這比直接捐款給弱勢族群的意

義更大！「給魚不如給釣竿」的概念，不但能顧及受贈者的尊嚴，更能轉化更多積極正面促進經濟繁榮的正能量！

「創造一個實體的場域，讓人人都能夠透過日常參與實踐修行，並體悟這個抽象概念進而達到靈性的提升」是我創建 DSC 的初衷，所以才會有「共振融合」的設計，這也是 DSC 的深層意涵。三言兩語的文字是一定無法訴盡的，然而，願這本書會成為大家進入 DSC 世界的一把鑰匙、一扇門。

我小時候生長於遠離都市叢林的花蓮海邊，這可能就是我體弱多病的原因。從小我的鼻子就常常過敏，拉肚子更是家常便飯。甚至，在大概一歲多的時候，還曾因高燒腹瀉而住院。當時，院方主張將我隔離留院，還禁止家長探視，至於治療方法，當時的主治醫生為了讓我退燒，竟將我小小的身軀整個放在冷水盆裡浸泡！後來，我的母親終於受不了讓當時還未滿兩歲的我單獨留院，第二天一早，院方在母親的爭論下，終於鬆口讓我回家。

此外，我小時候也經常感冒，印象中自己就是名符其實的「藥罐子」，西藥可說是照三餐吃！不僅如此，每每到診所就醫，總是屁股上先挨上兩針！一直到大學考上醫學院、開始修習醫學知識後，我才發現自己有「臀部至大腿肌肉僵直萎縮、大腿骨關節異常」的毛病。以前不懂，只覺得小時候的自己是個飛毛腿，長大後，卻不知為什麼

越大越不能跑，甚至走路姿勢還有點外八，下肢也經常痠痛！現在推測起來，很可能就是小時候打針造成的。我的下肢循環不好也影響到了心肺功能，給心肺更沉重的負擔，因此，比起常人，我更容易工作疲勞與精神不濟。

在學醫之前，我完全不理解這些症狀的成因，自然也無法找到相對應的解決方法；但在學醫之後，我更懂得治療我的舊疾。到了現在，我幾乎不受這些舊疾困擾，甚至身體年齡還比一般同齡的人年輕許多。

當我了解前因後果之後，我更覺得行醫者肩負重大責任！醫學不斷進步，過去認為正確的處置方式不代表未來不會被推翻，很多當時慣用的藥物在一、二十年後被發現有嚴重副作用，也是屢見不鮮的狀況！我們學醫者絕不能剛愎自用、固步自封，應該保持包容的心態與寬廣的格局，多吸收不同理論的新知，並試著保持一切的可能性！自然界的奧秘相對目前人類的理解，稱人類不過是以管窺天都不為過，我們應抱持著更謹慎謙虛的心態！

在自身的切身體驗下，我對人體健康的探索保持著相當開放的心態，願意謙虛接受不同文明的各種資訊再加以消化吸收，這是一般醫學院學生不容易做到的！也因此這些年來累積了很多心得，尤其在抗衰老的領域！

　　事實上，以宇宙的規律而言，人類活到 120 歲是符合自然定律的。但為何現在人們大多沒辦法走上這條道路？即使平均壽命不斷提升，但年老的生活品質卻沒有相對提高！你希望在 100 歲生日時還行動自如、健康且充滿活力嗎？我很願意在 DSC 社群的善墨商學院裡舉辦健康公益講座，為大家分享這樣的資訊！

　　最後，要感謝協助我完成這本書的共同作者林衍廷，以及在書中提供多篇文稿內容的夥伴們，還有我的台大學長王晴天博士及其旗下采舍集團所有的編輯與出版相關的人員，限於篇幅，我無法一一點名所有對此書有貢獻的夥伴來表達我的感謝。從心血來說，這本書是屬於所有對此書有貢獻的夥伴們的；從目的來說，因為是我們共同為世界留下的贈禮，因此，又是屬於全世界的。

　　誠摯感謝您看到這裡，願生命中萬縷千絲的因緣，能為同頻共振的我們搭起交流的橋樑，開啟新故事的序章，我們人生旅途中再見！

DSC　總裁

David Chin　*David CHN*

買書＋掃碼　就送價值 2,000 元的
「原來」本自俱足系列健康講座貳堂
❶ 原來，最好的醫生在這裡
❷ 原來，逆齡可以這麼簡單

掃我報名

| 總撰稿人序 |

DSC 為我們牽起聯繫的橋樑

這本書的開始與完成工程浩大。首先要感謝選擇與我成為共同作者的David Chin，讓我學習他的經驗與巧思，並且在討論間的腦力激盪中擦出許多火花，也透過 DSC 社群，將提供推薦序的廖律師、徐經理，以及許多低調沒在書中獻聲的夥伴們，連結在一起。

另外，我也要特別感謝牽起這本書的橋樑，並貫徹始終協助完成此書的，我的恩師王晴天博士，以及采舍集團旗下所有出版與編輯相關的前輩與同仁們，與您們一同工作的每一分鐘，都讓我更深刻地感受到您們的工作之重要性與專業。

此外，我還要感謝魔法講盟的宥忠執行長，他看我寫稿苦思的過程，總會以過來人的經驗，為我提出細緻的建議，以及暄珍老師、羅德兄與清淇姊對本書的參與。Lynn 與 Kane，也為我分擔了許多瑣事細節，幫助我能更專注於更大、更核心的事情上。

此刻，我想對所有在這段時間，因忙於寫書而稍少交流的家人朋友們說：「我完成了！」您們的包容與忍耐，以及為此付出的代價，是值得的。

然而，我的階段性任務，主要是為了開啟下一次的旅程，也就是

讓讀者的人生能因為此書變得更加豐富。我在撰寫本書的過程中，每時每刻都抱持著一個心願與初衷，就是期望拿起本書的讀者們能收穫滿滿！好戲在書中開鑼，甚至更該說是，在讀完本書之後，能達到俗語「學習的主要目的之一，是為了帶來現實生活中的改變」的效果。學習之後更要起而行，每讀完一段文字，都應該捫心自問：「讀了這些之後，我能做些什麼？」「心有戚戚焉嗎？」「想了解更多嗎？」

　　一本書終有完結，然而人生的意義永無止境。也許書的意義，不見得是被人開啟、翻閱，而是，它實際上能為人們啟迪些什麼。

　　各位讀者應已期待許久，那在此就話不多說，看下去吧！若有幸，我們在未來的人生中能因本書產生更多連結，一些未盡之語，到了那時會是一個更好的傾訴時刻。

　　祝福各位讀者每天都有靈感啟發，能逢山開路、遇水搭橋，沒有什麼事情能夠困住您，因為蘊藏在您心中的潛能，遠比世界都大。

商業福音實踐者

林衍廷　林衍廷

| 推薦序 |

DSC 的「三創」優質理念

　　各位讀者大家好，我是朝陽科技大學，創新育成中心的育成經理，徐聖傑。

　　當我走進一個個創新基地、育成中心、加速器，還有如雨後春筍般冒出的共享辦公室，就可以立即感受到台灣新創的充沛活力。

　　在政府部門的大力推動與民間社群的積極參與之下，台灣新創產業的環境越來越友善，至少對於有志創業者來說，只要有創新的想法與技術實力，就不愁找不到可利用的資源；無論新創團隊是鎖定哪一個技術領域，都能找到適當的育成中心或加速器。

　　與 David Chin 總裁是在一場以「新創」為題的會議上認識的，我隨即便被 David Chin 提出的 DSC 項目所吸引。DSC 系統最特別的地方之一，是與永心生醫的合作項目，同時也是目前市場上唯一與生醫公司合作的平台。

　　同時，DSC 也符合「三創」概念——創意、創業、創新。因此能夠深度地鍊結創新育成領域的資源，並藉由未來雙向鍊結的合作，以成就 DSC 邁向資本市場的康莊大道。

　　DSC 在協助新創企業尋求企業經營、資本運作或籌募資金等方面，以及針對新創企業深入輔導，令其得以成功邁向資本市場、媒合產官學研資源，最終完成企業孵化、企業加速的目標，都有所助益。

　　因此在此誠心推薦大家深入了解，並參與DSC創新育成領域。若有相關需求，也歡迎與我聯繫。

徐聖傑
LINE 傳送門

　　在此也歡迎大家一起投入新創的行列！

朝陽科技大學　創新育成中心　育成經理

徐聖傑經理　徐聖傑

| 推薦序 |

DSC 完全合法的新型商業模式

各位讀者朋友們大家好，我是環海法律事務所所長，廖國竣律師。身為 David Chin DSC 平台的法律顧問，很高興能與各位分享我對於這平台的期許，也很榮幸能介紹我們事務所給各位讀者。

環海法律
事務所
網頁傳送門

有幸參與 David Chin 建置規劃 DSC 平台的過程，David Chin 非常用心，也相當重視 DSC 的合法性以及服務的完整性。我演講時常提到，未來大部分的商業模式會在網路上運作，牽涉資訊方面的爭議也將隨之而來，「如何教育使用者合法使用平台服務及合理分配營運收益」便成為新型商業模式著重的重點。

DSC 平台的營運模式，主要是考量商品多元性、客戶廣泛性、廣告的利潤率，亦協助每位會員打開人際面的觸角，這些都是促使 DSC 可以異軍突起的因素。我也期待，在平台堅守合法合規的原則下，讓大家擁有最新穎及有效率的商業獲利模式。

最後，非常歡迎各位讀者與本所多多交流，也期待未來有一同合作之機會。

本所提供完整的各項法律服務，所長廖國竣律師、王思穎律師、

王博鑫律師及所有同仁，用熱忱、效率、精進、公正、專業面對每一個託付，協助客戶預防及避免爭端之發生。同時，本所期許並責成同仁每年投入不少於 80 小時之時間於公益活動，包括但不限於教育、社區服務及對弱勢者提供無償之法律扶助。

環海法律事務所
LINE 傳送門

環海法律事務所　所長

廖國竣律師　廖國竣

【現任】

環海法律事務所 所長

彰化縣企劃經理人職業工會 理事長

環球區塊鏈趨勢應用協會 常務監事

新竹縣政府兒童權利公約小組 專任委員

南山人壽企業工會中區 法律顧問

彰化基督教兒童醫院兒少保護小組 專業顧問

桃園陽明醫院 法律顧問

中華民國法警協會 法律顧問

彰化縣議員白玉如服務處 法律顧問

彰化縣議員曹嘉豪服務處 法律顧問

亞洲大學兼任講師（教授民法、娛樂、智慧財產權與法律、民法案例研習講師）

| 推薦序 |

結合傳統與新潮的 DSC 商業模式

一路上，我都在「財富管理」的領域中磨練，從最早外商銀行的學生信用卡接觸起，到專職從事保險行銷，在台灣利率一路下降的過程中，協助客戶鎖定利率做好退休規劃，回首看來是非常正確的事！後來在外商保險公司學習到「需求分析」，能夠從家庭財務健檢的角度，協助客戶財務面現金流、討論生活面保障重點轉換成具體的家庭保障計畫，有所本且讓保費效益極大化。

為了能兼顧家庭與保險專業，我毅然轉職到銀行體系的保險輔銷部門，從選手變教練的角色轉型過程中，我也一路提升自己在稅務規劃、市場投資的實力，取得中國及台灣兩岸的CFP（國際認證理財規劃師）的證照，在當時，CFP證照可是最火紅且難度最高的國際金融證照呢！

我也因為奠定了市場投資的實力，順利轉進財富管理殿堂。從投資輔銷、投研單位總經研究、前線業務管理，到現在的專家團隊負責傳承議題成員，高壓但富挑戰性的金融之路磨練，成就了我多元背景的邏輯思考訓練，讓我更能站在客戶角度進行思考，在提供解決方案的同時，也能為金融機構帶來商機實績。

在服務高端客戶的過程中，我發現高資產客戶除了在意「財富創富、保值」及「傳承、接班」等議題外，也很關注養生、抗衰老的議題。在此體悟之下，我也積極發展醫界人員人脈，希冀除了增進自己醫學保健的知識常識以外，也許也能提供另類資訊當作自己特別的附加價值！

就是在這樣的意念發想下，我在柬埔寨的考察行程中與David相識，除了交流健康保健資訊，更發現他獨特的組織行銷變形發展想法，與自己愛分享的個性特別契合。也深信他這套結合「電商、組織行銷、人性分享」的商業模式，在結合傳統通路與新潮 APP 的情況下，能發展順遂。在此衷心祝福 David 能順風順水，大鳴大放！

台灣、中國 CFP 國際認證理財規劃顧問

金融業資深財管規劃顧問

國泰世華銀行 通路營運部 業務輔導二科 專案經理

藍義經理 藍義

CONTENTS

目錄

CONTENTS

CONTENTS

CONTENTS

▲歡迎掃碼進入 DSC 生態圈

Chapter

0

導讀：
按照你的需要來閱讀

內容提供者 David Chin

撰 稿 人 林衍廷

如果要寫一本書，讓讀者能鉅細靡遺地盡覽一位成就非凡人物一生長時間的積累與心得，這是不大可能的。就算做得到，那也必定超出普羅大眾能夠輕鬆閱讀、開卷即有收穫的範疇，更何況本書內含的是David Chin與他身邊成就非凡的團隊共同的心血。因此，本篇導讀將概略說明本書的結構，並推薦各種不同需求的讀者，可以優先閱讀哪些章節，讓您開卷便能迅速有所收穫。

目錄採用「條列式」的方式呈現，而本篇導讀則以「敘述性」的方式呈現，希望能幫助讀者迅速找到適合您閱讀本書的方法。

如果您想要了解這本書產生的背景，與本書中的人、事、物，「**第1章 緣起：我與 David Chin 相遇的日子**」將是您很好的開端。您能隨著筆者敘寫的角度切入，彷彿在讀一本小說般輕鬆，將自己當作筆者，身歷其境地想像整個過程，這一章希望帶給您這樣的閱讀體驗。透過對時空背景、環境人物的了解，讓您能更深刻而直覺地體會到書中的內容。

「**第2章 David Chin 的人物側寫**」介紹了本書的主人翁——David Chin 的成長背景、生平大事，以及一些軼事。希望能幫助您判斷，該如何看待他藉著本書，希望帶給大家的贈禮，幫助大家能

更清楚認識 David Chin 這位成就非凡卻又心懷慈悲的人物。畢竟很多時候，一個人是「誰」，會比他「說了什麼，做了什麼」，更加重要。

「**第 3 章　David Chin 穿越白色巨塔的『初衷力』**」點出了本書主旨，David Chin 的初衷究竟是什麼？DSC 的文化、精神與理念又是什麼？有關 DSC、David Chin 與後續的社會化浪潮的議題，又是如何貫串、穿梭於本書之中？有些部分或許看來較為抽象，但本書會盡可能地用淺顯易懂的方式呈現給您，讓這樣的思維潛移默化地祝福著您的人生與這個廣大社會。

對於社會上的所有人，「**第 4 章　簡單來說，DSC 是這麼回事……**」是能夠幫助您快速對 DSC 建立最初步和基礎了解的一章，並且還能從中得知 DSC 能夠為您的人生增添多少籌碼。

「**第 5 章　做為共同作者，我能說的是……**」是透過筆者這段時間的採訪與學習，旁徵博引，協助大家對本書內容有更加宏觀的認識，其中特別針對商業模式等方面進行著墨，相當適合生意人與供應商，也會約略地介紹到筆者的生平背景，方便大家知道該如何看待筆者所寫之內容。

「第 6 章　魔幻般的 DSC Power」特別適合喜愛研討商業模式、生意、行銷等課題的生意人及供應商，深入了解之後，將更清楚 DSC 的商業模式，並加速建立彼此的共贏基礎。

「第 7 章　我是這麼開始了 DSC 生活」則是以筆者自己的角度實際操作 DSC，提供讀者一個個淺顯易懂的案例，讓您循線參考，體驗到 DSC 的無窮魅力，並賦予您生活、工作上的效益。

「第 8 章　DSC 與我們的故事」收錄了與 DSC 一路奮鬥過來的夥伴們的故事，並成功邀請到他們現身說法，幫助大家從更多不同的角度，堆砌出 DSC 全貌。

「第 9 章　絕密之章：浴火重生的鳳凰」描述了 David Chin 在為社會大眾打造協助他們生活得到助益的系統之後，他還有一項已經實現，並且正在如火如荼地進行的計畫，聽到的人無不驚嘆這是何等的宏願、構想能力與執行能力。David Chin 希望能透過 DSC 與國際青創育成協會，團結各方，挖空心思企圖完成一項計劃，希望將社會的傷痕──加密貨幣資金盤詐騙，這宛若天災一般臨到世界的悲劇，轉化為祝福，一如《舊約聖經》所云：「祢已將我的哀哭變為跳舞，將我的麻衣脫去，給我披上喜樂。」（「麻衣」為以色

列民族蒙難的象徵。）相信隨著本書與 DSC 更廣為人所知，受到此思維的啟發，會造就更多願貢獻一己之力，將世界上的苦難轉化為祝福的創見家與實踐家。

DSC 與 David Chin 的故事與傳奇，在未來數十年都還會繼續延展下去。有些人起了個頭，將這份餽贈送到您的手中，希望在本書的續集當中，您也能成為主角，在其中發光發熱。

時代在變化，資訊在更新，本書中也留下了許多能持續獲得新知的網路資源，鼓勵大家多多使用。立即開始使用本書吧！您與 DSC 的故事正準備揭開序幕！

▲David Chin 於世界八大明師會場授課

Development
of Super Cell

緣起：
我與 David Chin 相遇的日子

內容提供者 David Chin
撰 稿 人 林衍廷

采舍國際總部的秘密會議

　　采舍國際 10 樓的總部、公司負責人、資訊服務界以及出版業巨擘，人稱「台版邏輯思維」的王晴天博士，把一張傳單遞給眼前參與會議的女士，儒雅而認真地問她：「妳有發現什麼要修正的地方嗎？」女士略感困惑，博士接著說：「講座的宣傳，要事先詢問過主講者的想法啊！雖然大家都聽過『秦醫師』的名號，但他本人不喜歡別人這樣稱呼他。要改成 David Chin。」

　　我雖然聽過好些有身分地位的人以尊敬的口吻，提起「這名號」，但卻不曾見過他。我想，這年頭人人出社會都想掛個好 Title，七分說成十分是「保守謹慎」；五分說成十分是「恰如其分」，一分說成十分是「大有人在」，像博士一般真才實學，出口都是「含金量」的人已經很少了。現在居然有人明明有醫師的 Title 可以掛，卻反而不掛，這讓我留下了深刻的印象。為了這次傳單上 David Chin 的演說，采舍已經籌備許久，傳聞他低調而謙遜，卻又是個傳奇，問起前輩們，無不是一副「這怎麼說呢……」、「你看了就知道啦……」的反應，這也加深了我對他的好奇。

　　然後，博士的眼光又轉向大家，說：「最近要寫相關書籍的兩位，請起立讓大家看看。」我與另一位前輩起立等著博士發言，博

士說：「David Chin 是我台大的學弟，我的好朋友，也是值得你們好好學習的人。他有一個夢想、有一個計畫、一個初衷，我鼓勵你們，聽完他的演講，試著把你們學到的，寫入書中。也鼓勵你們大家，像我一樣，盡可能地支持他。」

認識博士幾年來，雖然他總是熱情而慷慨，卻很少見他這麼慎重、認真的表態，鼓勵我們支持一個人的「夢想、計畫、初衷」。這次博士將 David Chin 遠從台中邀到台北，我終於將得一睹廬山真面目。

（演講內容本書稍後會陸續呈現，為了您的閱讀觀感，建議依序閱讀）

40 天的回味日常

David Chin 那場打動人心的演說一晃眼已經結束了 40 天。他誠懇的態度、計畫的巧思、為夢想顫抖著的熱情，空氣中似乎激盪起某種共鳴的頻率。每個人猶如在自己的脈動

▲筆者與 David Chin 於采舍魔法教室合影

中，聽見了那打動人心的初衷。講座已畢，餘音卻還在會場繚繞，彷彿不捨離去。合影了，握手了，自我介紹了，說了：「今天的演講真是太精采了，博士有交待過，若有什麼用得上我們的地方，您可以放心地吩咐。」

時光飛逝，歲月如梭，由於他是博士的貴賓，而我是博士的門生，我們順利地交換了聯絡方式，保持著幾次聯繫，心中「相見恨晚」的微妙感受，起初萌芽，而後又日漸滋長。但隨著每日工作的忙碌，那日響起的共鳴卻如登高遠眺山巒，揚聲呼喊，回音漸漸遠去。雖然講座的筆記始終躺在我的桌前，我也不時回味講座中精采之處，但漣漪已漸漸平緩，日子又回復到往日的「日常」。

🌐 41 天後的心苑醫療停車場

第 41 天的我，出現在心苑醫療的停車場，一間座落於台北市信義區，「大隱隱於市」的抗衰老診所。這間診所只接受預約，沒有公開宣傳，是 David Chin 所投資的。據內行人士告訴我，同樣是合法進行抗衰老的醫療機構，這裡的案例是許多大醫院的好幾倍。

眼前是身型修長、信步走向電梯的他。2 分鐘前，他剛下樓接我，跟著車子到停車場。論資歷，我應該對他加上更多尊稱；但年

約 50 的他，相貌仿若 30，總覺得每種尊稱都把他「叫老」了，也讓人不自覺地對這間診所「養生抗老」的神秘技術充滿好奇。

他平易近人到令人難以置信，讓人不禁感嘆：「人生真是充滿隨機漫步的不確定性啊！」40 天前，聽完久仰大名的傳奇人物的一場演說，40 天以來，日子除了多了些餘韻回味，時光還是一如既往地過，怎知過了個如「摩西在西乃山上得到十誡」或「耶穌在曠野祈禱」的 40 天之後，此刻出現在我身邊的人、事、時、地、物，都完全不屬於我昨天的世界。

會客室打開的話匣子

診所充滿品味、大氣的裝潢與設計，不愧為頂端仕紳名流的秘密養生場所，我們在同樣溫馨而富設計感的會客室落坐。

40 天前的那場演說，首次對外發表了被稱為「DSC」的系統，系統其中一個重要的精神就是「同頻」。也許正是某種宇宙的神奇能量喚起了共鳴，不知為何，數面之緣的我們，都能深深覺得對方明白自己在說什麼，而博士也聽說了這件事，提議不妨我們一同以 DSC 與 David Chin 為題，合著一本書。於是，我們簡單地發想了幾份書籍企劃，就成了今天這場會面的契機。

　　博士以前也數次強調想為 David Chin 出本書，但因 David Chin 淡泊名利，也已經成就非凡，更不大需要為自己造名。但經過近日數次交流之後，總算讓他認同，若是為了使這個造福社會的心願與計畫，能夠更清晰地被大眾所認識，「出書」也許是一個最適切的方式。

　　我說：「您不需要為自己造名，但社會大眾仍需要更深切地認識您的理念、精神與初衷之後，才有更多機會自行選擇接受您的理念。您與團隊一同努力的成果，也應該流傳下來，被世人所認識。每個在其中默默耕耘的夥伴、團隊成員、對外代表乃至於接班人，他們的故事將帶給人們激勵與善的能量。這本書，能夠成為對外的推薦信，對內的紀錄。」

　　David Chin 以他一貫，堅定而溫和的風采回應我，說：「是啊！讓大家都能夠因此而更好，這是我的心願。」

　　「不過。」他說：「有件事我要先跟你釐清一下，我在台大醫學院是復健醫學系畢業的，所以照台灣的制度來說，不應該稱我為醫師，法定的身分是物理治療師。雖然我在湖北中醫藥大學是中醫碩士，且有國際中醫師執照，在國際間被稱為醫師是可以的。而近年我在台灣醫界主要是協助醫院的經營管理，像是大醫院的復健科，或是像你看到的這間診所。」

　　話雖如此，診所裡出入的人員，仍都尊稱他一聲「秦醫師」，但我現在也算是更體會了他實事求是、謙遜、低調的行事作風。

　　「關於你提到的，」他輕聲笑道：「有關於我的成長故事和經歷，由於我一直都還蠻活在當下的，以前也沒有需要準備這些資料的契機，在最近之前，甚至沒想過會出一本書，這部分你要給我一點時間。」

　　我稍感困惑，心想：「一個活在當下的人，竟然能夠講出像上次那場，條理分明、敘事清晰的演說？」我在博士的門下，除了學習各項人情事理、出版寫作，平日也接受些口語表達、資料簡報乃至於短講訓練，我見過許多每日苦讀成學究，苦練演說至聲嘶力竭，也未能夠呈現如此精采的演說，令我心中暗暗一驚。

　　隨著對周遭相關人士的持續訪問，我漸漸了解，David Chin 平時話真的不多，但思路敏捷，頭腦組織能力過人。

　　也許這樣的感召力，正是來自於專注於那份初衷的情懷，我想起了博士寫於台北上林苑，鏤刻於采舍國際總部 10 樓牆壁上的那幅銘文：「如果你認為你是對的，你就該去做。如果你有理

▲筆者與采舍 10 樓之銘文合影

想，切莫讓現實挫折了你。如果你因為堅持自己而孤獨，你就該孤獨！自反而縮，雖千萬人吾往矣。」

台灣大學雖是國內少數頂尖集才華與努力於一身的社會精英所就讀的學校，但過了數十年來的積累，倒也桃李遍滿天下。而這一對富有當代奇俠風範的學長弟，卻在茫茫校友人海中，一居台北、一居台中，冥冥中彷彿有一條看不見的繩索暗中牽引，使他們實現了「海內存知己，天涯若比鄰」的佳話。究竟他們何以跨越時空的距離，以「超距力」遙相「同頻」，置身其中，身歷其境的我，依稀有了些許領會。

訪談的過程輕鬆愉快，雙方進行著腦力激盪，又彷彿無所不談，時光恰如其分地過得痛快淋漓。一晃眼，一個小時就過去了。

心苑醫療的專業報告

下一批預約的訪客抵達了，我們簡略參觀了診所的設施，也聽取了診所的專業人員對於診所的專長的簡報。他們詳細地描述了如何迴避坊間一些不安全的療法，而診所又是如何在安全的前提下，給予客戶最好的體驗、最佳的效果，並確保整套流程都經得起最專業技術與時間的考驗。特別值得一提的是，簡報的內容既專業又好

懂，充分地體現了診所人性化、站在接受診療者的立場思考的人文
精神。

　　David Chin 提到，最初他學的是西醫，後來轉習中醫的經過。
他並非覺得西醫不好，西方醫學總是將每個問題切割剖析，這也利
於進行科學上系統的研究；然則 David Chin 終究還是覺得，中醫
「從一開始就將人當作一個整體看待」的思路與他更加同頻。他之
所以投資了這間抗衰老診所，也正是這種精神的體現，冀望能透過
健全細胞生命力，藉此得到一個更健全的身體，從一個完整的生命
的角度，來幫助人們變得更好。

　　簡單來說，我了解到，診所會經由不僅止於一般常規檢驗的方
式，譬如基因檢測或功能醫學檢測等，還額外經過大數據分析，藉
此提供每個客人專屬個人化量身訂製的服務療程。同時，我也了解
到，一些如我一般的非醫界人士，通常不曾想到的觀念與迷思——
如：實際上免疫力過高或過低都不好，平衡才是最重要的；以及如
何從修復與再生人體最根本的組成——「細胞」著手，重拾年輕與
健康！短短數十分鐘的簡報，讓我看到了生命的奧妙，並給了我不
少值得深思的啟發。

為了世界的善能量站出來

David Chin 的下一個大計劃——DSC 系統,有多種理解方式,其一就是「Development of Super Cell」的縮寫。他相信全人類是一個完整的生命圈,所有人都有屬於各自的色彩,卻也有著共同的頻率,每個人之於整體社會,就如同每一個細胞之於人體,雖渺小卻也相當重要!DSC 致力於創造一個能讓每個小螺絲釘都體現其重要性,並具備發揮潛能發展性❶的環境,他計劃著藉由社會與人性的評估,以挑選及「同頻」的「超距力」來吸引,為那些與他一同發願,替世界持續注入善能量的人,提供一項工具、一個系統。從這些發了善願的人開始,透過系統與人的協作,將他們調節、打造成「Super Cell」之後,幫助他們重新入世,實現更加健全的社會,宛如針對全人類社會進行的一場抗衰老戰役。

一如孫中山放下了「醫人」而選擇了革命;李家同放下科技,走向人文關懷;侯文詠走出醫界,從事寫作與演說;史懷哲捨棄了安逸的環境,走向非洲充滿挑戰的生活。台灣政壇近年也掀起一股白色力量,有人看到了新的希望,有人對其影響持保留態度。但不變的是,世界確實正在發生一些改變,延續到我們生存的今日。

David Chin 的夢想、計劃、初衷，究竟會帶來怎樣的迴響、漣漪或是浪潮呢？「我相信，世界是從你下定決心、懷抱夢想、付出努力、以終為始的那天起開始改變的，然後，堅持到底，莫忘初衷。」多年來聽過的無數場講習，這麼一句話，不記得出自何處，然而，這或許就是傳奇的開端。

而我，究竟能在巨人的肩上，透過他的眼睛，看到多大多遠的世界呢？

▪── 註解 ──▪

❶ CNV Traditional Eph 4:16

▲David Chin 於世界八大明師會場授課

Development
of Super Cell

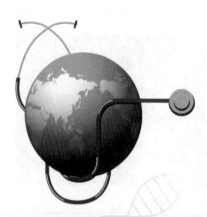

Chapter

2

David Chin 的人物側寫

內容提供者 David Chin

撰　稿　人 林衍廷

近年來，華人圈出現一部部膾炙人口的穿越大劇，譜寫著現實生活中擁有各式各樣生活背景的人們，帶著他們以往的專長、專業、經驗、認知，穿梭於或古代、或未來、或武俠、或仙俠、或奇幻、或各式各樣的異世界。

而我訪查著 David Chin 目前峰迴路轉的前半生，感受著他是如何穿梭於每一個環境，是如何在其中奮鬥，又是如何在其中活出生命中的美好。雖然每一次都專心且心無旁鶩地活在當下，卻也隨著每一次的生活歷練，進而塑造成如今的他。

艱辛的童年

David Chin 幼年成長的環境相當貧困。小學一、二年級時，年幼的 David Chin 在上學前後，都得先完成接送更年幼的三歲妹妹上幼稚園的任務。單程要花大約 20 分鐘走過田地，且令

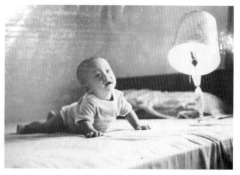

▲ David Chin 幼年時於床上學習爬行

人意外的是，因為父母要為家計工作，十分辛苦，無暇照顧孩子，因此兩人並非在家與父母同住，而是請了一位保母來照顧他們，讓

他們寄宿於保母家。然而，當時父母並不知道保母在父母面前是一個樣，帶著他們時又是另一個樣。

▲母子的快樂時光

▲父子舉高高

他含蓄而沉靜地敘述這段往事，描述當時受到的嚴苛對待，但他的幼年時期無疑是生活在恐懼中。妹妹生性活潑，當時卻尚未懂事明白輕重，時不時會弄亂保母的化妝品、保養品之類的物件。而他作為兄長，很小就學會了審時度勢，更會謹慎地照顧妹妹，替妹妹善後。這段寄人籬下的艱困日子，也許正是讓他養成內斂與慎思習慣的主因。

▲凡事充滿好奇

　　他的父親是一名天主教徒，在約四、五十歲時終於喜獲麟兒，父親除了格外珍惜，也已有了充分的人生閱歷，早已做好為人父母的準備。只是因為家境因素，不得已將子女

▲父親騎了近20年的機車

寄託於鄉下的保母家。這樣的苦日子過了一段時間，終於有一天，這樣的情況開始有了些許改善，父母將他們接到了市區的學校。當時父親年約五、六十歲，開始每日騎著機車接送他們上下學。一台打檔的機車，後面有個架子，兩個厚重的書包沒地方放，父親就親自設計了一個大紙箱緊緊地綁在架子上，這才有了放書包的地方，而那台機車父親一騎就是 20 年。純樸真摯的親情，勤奮工作想給兒女更好的環境，那畫面幾十年過去，仍是相當深刻的家庭記憶。

與車子的不解之緣

　　一家人雖不見得週週前往教堂，但父母自幼便進行言教與身教，令David Chin對「感恩的真諦」格外印象深刻。國中時，父親已 60 歲，勤儉的父親首次買了一部非常陽春的新車。David Chin 自

幼就非常喜歡車子，放學回家後的第一件事，就是坐上車子的駕駛

座，模擬想像著自己開車的
模樣。然而，這台新車卻只
在 David Chin 的家待了半
年，之後便不幸遭竊，從此
以後，父親就再也不曾買過
新車。

▲外公送的加油站玩具車是小時候唯一的玩具

　　在這個故事裡，能通過 David Chin 的描述聽出他對父親的深深
心疼，這樣深刻的印象似乎對宇宙投射了能量，同時，也許正是對
年邁父親辛勤身影的那份印象與情愫，使他更能對長輩們身心上的
苦楚感同身受，潛移默化地讓他選擇修習與照護長者較有相關的復
健醫學系。

　　童年父親新車遭竊的事件，那份情感的記憶，以及與宇宙能量
鏈結的千絲萬縷的不解之緣，日後這般在 David Chin 生命中深深刻
入痕跡的場景，也屢次重複出現。訪查得知，在 David Chin 長大成
人、出社會之後，父親的每一輛新車都是他買給父親的，也許這是
一種補償的力量，但終究是轉化成了一股善能量，從挫折的地方爬
起，上蒼後來補還的，比當初失去的更多❶。

聽聞王博士所述，有次他們一同到杜拜旅遊時，這等神奇的宇宙的能量又讓 David Chin 幸運地抽獎中了一台賓士。因著童年的經歷，這樣的幸運讓他心中欣喜不已，並也滿懷感激。然而，此時他的名下多了一台賓士，實際上對他的生活卻沒有任何實質的意義，甚至連運回國的方式也成為一件傷腦筋的事，最終，在協商之下，請主辦單位將賓士折現，這才弭平這個「美麗的意外」。

▲ David Chin 兄妹與父親首次購買的新車合影

▲ 以上三圖為 David Chin 於杜拜旅遊時幸運抽中賓士

　　但David Chin又再次將宇宙給他的善意，重新「迴向」，投注回冥冥的能量之中。回國之後，David Chin 以折現的款項為勤奮的團隊夥伴換了新車，將自己再一次得車的感動，換作更多人首次獲得夢想車的喜悅；將這份情，傳下去。

求學生涯

　　生於貧困家庭，David Chin 勤學力爭上游的心情溢於言表，他總是日夜不懈地認真苦讀。皇天不負苦心人，他終於考上了台大醫學院。台大醫學院是無數學子夢寐以求的第一志願，課業吃重，學生連日挑燈夜戰、夙夜匪懈的學習已不是新聞。然而在這樣的條件下，David Chin 卻能撥出時間，從大學一年級就開始打工，第一份工就從家教做

▲ David Chin 從小勤學力爭上游，獎狀無數

起。後來舉凡有能賺錢的機會，不管是講座還是說明會，他都盡可能撥冗參與了解。

　　他身邊的同學，也是才華橫溢，好些同學的家世背景也相當不錯，一手包攬了天時、地利、人和，宛若天之驕子，學校生活自然

也是多采多姿。反觀 David Chin，卻得一邊頂著沉重的學業壓力，一邊肩負分攤家計的重擔。他摒棄心中雜念，專心致志，活在當下，一路兢兢業業，殷勤努力地走過這段過程，這樣的辛勤努力是常人難以想像的。

當時許多富家女特別青睞名校與醫學院的學生，「台大醫學院」這個名校與醫學院的完美結合，更是不在話下。然而 David Chin 一直覺得，男生要靠自己，藉由自己的雙手成功者，更能感受到紮實的成果。

俗話說：「娶對老婆可以少奮鬥三十年。」若只是一心求名求利，David Chin 完全具備條件能選擇更加輕鬆且快速平步青雲的人生，然而，他卻選擇忠於本心，不忘初衷。

我所認識的的 David Chin，一直具備才華橫溢、殷勤不倦、充滿樸實的根性，並富有正義感，且對社會基層有著深刻的同理心。

這樣的性格直到他開業經營診所的時候，也一直持續著。

身心俱疲的醫病雙方

貧困學童如今已從醫學院畢業，恍若隔世。David Chin 帶著紮

實且殷勤的 20 多年歲月，穿越到了白色巨塔的世界。

不論是大醫院還是小診所的復健部門，不論在台灣的哪個城市角落，每天一早門還沒開，就有不少阿公阿嬤排在外面等候。從實質上來說，他們理當是來治療身體上的酸痛不適；但從心靈上來說，更像是每天準時來診所報到，尋求心靈上的慰藉。病友們之間彼此聊天，半小時至一小時的治療時間，就是他們抒發心情的最好時刻。

每個阿公阿嬤背後都有著屬於自己的故事與面臨的人生難題，不論是家庭問題、經濟問題，還是人際關係問題。而他們身上的酸痛病徵，西醫最直接看到的總是「單純的結果」，像是肌肉、骨骼、神經因為老化而衍生的問題；而中醫的理論卻在在顯示出，五臟六腑的健康跟情緒有很大的關係。怒傷肝、喜傷心、憂思傷脾、悲傷肺、恐驚傷腎，而五臟六腑的健康又會反映在經絡上。這些阿公阿嬤的身體不適，某種程度上又何嘗不是情緒的影響呢？而他們的情緒往往跟家庭經濟有很大的關係。

「世上苦人多」是真的，但該如何幫助大家離苦得樂呢？David Chin 無法滿足於只當個盡責的醫療人員。

一如縱然富有地像股神華倫・巴菲特、世界首富比爾・蓋茲、美國亞馬遜公司創始人傑佛瑞・貝佐斯，若要他們以自身財富救濟

世界的貧窮問題，仍無異於緣木求魚、杯水車薪。物質的缺乏如何補全，尚可計算；人們心中的空虛，卻可能永遠無法彌補。但是，卻也可能透過一些巧思，被溫暖的行動所點亮。

醫療人員的生活，其實並不如外人想得那麼光鮮亮麗，除了須要持續精進自身專業外，逐漸增加的工時也成為他們的困擾，甚至得學會調適心情，在精神上準備好隨時作為「來訪者」的心靈捕手。

在醫界待得久了，慢慢知道許多同行之間都有一種共識，成為哪科的醫生，常常最後就會苦於該科的疾病。也許我們每個人、每個細胞，都兀自散發著屬於自己的訊號與能量。各科的醫生，無非就是最頻繁地接近那類疾病磁場的人了。

一個夢想的境界逐漸在心中萌芽、生根乃至於茁壯。

不只是醫療，更要帶來美好

David Chin 談及此事，心念於每位在醫界崗位上的故友，特別是正值全球疫情沸沸揚揚的時期，醫療崗位上每件事，都需要有人去做。然而他也希望整個醫病的環境，能夠逐步的提升，使醫病雙方，都能夠有更永續的善循環。故友們除了協助他人的健康外，也能好好善待自己，時時留心調節好自身的狀況與頻率，當個幸福的

醫生，使醫病雙方都能有更圓滿的人生。

在此也期盼那些上醫院為自己或家人的疑難雜症，尋求解答的各位朋友，能夠多留意心中的平安，與您的醫生好好合作。其實，人的心思意念對自身的健康狀態有相當大的影響，同時，其實每一個病患，也能夠幫助他的醫生變得更好。

藉著每個阿公阿嬤求醫背後的故事，彷彿能從中預覽人生百態，David Chin 藉由這樣的過程，參與了許多人的一生，而這也更堅定了他心中的力量，他不僅想要「盡責而已」。

再次的穿越與轉化

曾經，正義感強又擇善固執的他，為著改善醫病關係與環境，或是有可能的不公不義、不透明，想方設法地不斷爭取。然而某天，師長真心的一句提醒，他當年或許沒太放在心上；但多年過去後，確實明白自己擁有年輕的熱情，卻也有年輕的天真。那句話是這樣說的：「David，就算你說的都對又如何呢？小蝦米對上大鯨魚，很難有什麼好結果的。」

雖然多年過去，他已今非昔比；但也更見識過了天高地厚，有些不知究竟真相為何的事情。他也明白，無法再執著，「生也有

涯」，只有活在當下，盡力做力所能及的事。

自幼貧困的他，對於社會基層的經濟與心靈狀況的惡性循環深有感觸。他說：「經濟缺乏導致心神不定，心神不定又導致更多的經濟缺乏。」我們都深有同感，有許多惡的循環，彷彿滾雪球一般，在許多基層民眾身上不斷吸附纏結。

曾經，他也心一橫、牙一咬，從事組織行銷，帶領萬人團隊，期待塑造一個給普羅大眾集「培訓、激勵、創富」三位一體的善循環模式，而那又是另一段故事了。

而今的他，洗淨鉛華，將台中的診所改建為不對外宣傳的私人俱樂部 Dream Club，也就是 DSC 的前身。總結了自己前半生的經驗，David Chin 從白色巨塔穿越到了現在，既不否定過往，也不忘初衷。

Dream Club

Dream Club 本身搭載著 David Chin 與人生旅途中一群好夥伴的夢想，外人就算不曉得其中細節，但也聽說是一群醫生找到了在醫界以外的人生價值，改建了診所，就不難想像這個 Club 到底有多麼 Dream。

最主要是改建的機會成本相當高，一間診所能帶給一群醫師衣食無憂的日子、街坊鄰里與親朋好友的敬重，以及幫助每個病患的成就與人生價值感，還有很多無法一一細述的價值。然而究竟是怎樣的力量，讓眾醫師在醫界生涯之外，再更進一步，走向貫徹生命的初衷？Dream Club 就在眾醫師的心靈綜整與工匠的巧手之下，一磚一瓦地逐漸完工。

俗話總說：「萬事起頭難。」然而選擇性地跨出新步伐的決定也只是個開始，光鮮亮麗的外表背後，紮紮實實的基礎設施也是不可或缺的。人生一如裝修房屋，大部分人一生不會有太多機會更換住處，更少有機會從頭開始打造一間屬於自己的房子。然而，看見一個房子的價值與潛能，按照它的特性與適性發揮的創意，就是愛屋者重要的樂趣之一；就如同人生，絕少人有機會從頭規劃自己的一生，或輕易將人生「打掉重練」。然而，發現並肯定自身的價值，挖掘自己的潛能，並以適性創意、不否定過往、不忘初衷、找一群志同道合的好夥伴集思廣益、一同奮鬥，才有更好的機會將人生發揮得淋漓盡致。

整體風格的規劃、顏色基調、物件元素、地板材質、壁紙紋徽、家具擺設，在在都看出了主人的專注與用心，有著細緻又使賓客身心舒暢放鬆之感，走進此地，就感覺自己被禮為上賓、當作要

人一樣款待。

雖有數層空間之大，然而每寸空間都精心設計，能從中感受到樂意廣納世間名士、對每個人又有獨一無二的禮遇之感。走過吧檯，小門之後的休息室又是別有洞天，投影幕、聲光、音響、與一座座精美燈盞，一應俱全、又渾然一體。日不落的國旗、與等身皇家儀隊人偶相伴的尊榮與磚瓦狀的牆垣，極富有人性化與親切感。一幅世界地圖，象徵著放眼國際、心懷全球的理念，看著又搭載著環遊過的每個角落的美好回憶。

DSC善墨商學院便在此地不定期舉辦講座，在如此環境，同為知性與感性的饗宴。門前一幅可愛的「I Love My Dream」，述說著今天眼見的這一切，正是因為這群人的熱情與愛，讓人有賓至如歸、而心靈終有歸屬之感。

想造訪這個夢幻之地，就多關注DSC最新在此舉辦的活動吧！只不過這裡並不是每個人想來就來的地方，得先預約，心誠則靈，將您與 DSC 同頻的心靈投放入宇宙，終究會有一天，引起了能量的共鳴，將你帶到你所歸屬的地方。

▼ 以下為 Dream Club 的裝潢過程

▼以下為舉辦於 Dream Club 的活動花絮

■── 註解 ──■

❶ CNV Traditional Joe 2:25

David Chin 穿越
白色巨塔的「初衷力」

內容提供者 David Chin

撰 稿 人 林衍廷

新冠肺炎時期的 DSC

　　DSC正式公開發表前夕，新冠肺炎的議題在全球突如其來地掀起熱烈討論，各種相互矛盾的訊息漫天飛舞，有些可能是過度渲染，有些可能是故意炒作，有些則可能是純屬臆測，種種紛雜的資訊交互堆疊，令全球人民一夕之間突然不知自己究竟應用哪種態度面對來襲的疫情。

　　David Chin 本身為扶輪社會員，當初建立 Dream Club 其中一個簡單的初衷，就是想讓眾多好朋友們互相分享彼此的「好東西」壓箱寶。他常年廣結善緣，迅速累積了一群在各界學有專精、理念相合的好朋友與人脈。透過本書第二章的概述，讀者們不難想像，這是個千金難買的寶貴社群。

　　因此，DSC社群的相關人等，很快就或多或少地收到了相對可靠的疫情相關資訊，包括：如何防疫較為適切？如何讓生活受到的影響降到最小？就連何時最好乖乖待在家裡、何時出門較容易買到口罩這類的問題，都有人提出相對可靠而有效的見解。

　　儘管在樂於分享且富社會責任感的 DSC 社群中，仍有部分善心人士試圖發揮自己的影響力，將可靠的資訊傳播出去，但這些寶

貴的訊息卻在投入眾說紛紜的茫茫網海中之後，成了「郭公夏五，疑信相參」的犧牲品，偽托、假借來歷的資訊數不勝數，讓筆者不禁感嘆：「掩藏真相最有效的方法，莫過於創造很多似是而非的資訊。」

在如今這樣資訊爆炸的時代，資訊已經較少有匱乏的情況，人們應該面對的問題早已變成：「我能相信的資訊到底有哪些？有多少？又能夠相信到什麼程度？」

DSC 社群成員間，透過網路進行聯繫，互相勉勵、散發善能量、交換資訊，專注在力所能及的事情上，試圖盡可能讓最多的人受最小的影響，並都能順勢而為，在危機中走出轉機。

一些人透過 DSC 理財區塊中，那些已公開上線與測試階段的工具，運籌帷幄地在疫情發展過程中持續進行著獲利或避險的標的，尚未熟悉這種理財方式的成員，則在家中自修、練功，或詢問更有經驗的社群成員。

筆者曾讀過一本關於領導學的書，述及一群礦工因事故受困於地底 600 多米礦坑中，而他們是如何團結一致、互相策勵，終究逃出生還的故事。大部分的人們，縱然不是生性外向，也必然喜歡隨處走走、看看，當他們的生活、行動自由突然受到限制，若不妥善處理，心緒的混亂，終將滾成更大事故的狂瀾，此時人們最需要以

事情分散注意力，找些有意義的事情專注去做，就如同太陽總會升起，差別只有經過這段風風雨雨，我們將更顯憔悴或更加茁壯。

許多社群成員發現了，值此疫情發展之際，全球的「宅經濟」再次興起，且更加熱絡。傳聞有人評估，若疫情在三個月內結束的話，中國的教育培訓機構可能有 60%會面臨重大危機，而每多一個月，就多 20%的機率會遇上麻煩。此外，線上課程也因疫情蔓延而變得更加火爆，物理世界的不便，讓人們加速發展成更加便利、更加理想的新知吸收模式。

有些社群會員也發現，透過 DSC 平台獲取的收益，對他們不無小補，也感受到 DSC 的魅力。他們更認知到，如果能將這樣的社群逐步擴大、茁壯，勢必能帶給社會上更多人更加安定，更有選擇性的生活。

DSC平台也同時趁此時機，接洽遊戲類的合作廠商，希望能讓許多心中無聊、不安的人，多一個調劑生活的方法，而社群成員也能與遊戲業者有所協作，並因此得到遊戲產業的分潤。

全球化商業社會的戰爭與和平

我與 David Chin 聊了許多，其中一部分的議題是：「有人說全球化的商業社會，使所有人成為利益共同體，會促進全球的和平與共贏，但為何在全球化持續發展的過程中，我們看到了很多紛爭與掠奪呢？」

David Chin 認為，這也是「同頻」與「初衷」的重要之處，一如未經適度調節的細胞，注入人體難有正面作用。同樣的，鑒於全球化商業社會的緊密連結關係，若人們自身與周遭的關係未能持續接受調節，那在之後發生一些「有悖初衷」的事，也就不足為奇了。

信仰間的調和

David Chin 雖在天主教父親的言教及身教下成長，但他在幼年時，不知是營養接濟不上還是體質問題，不僅頭髮長不出來，乍看之下像個小和尚，就連吃到偏葷的食物也會感覺身體不適，意外因此特別受到佛教人士的認同，覺得他頗具「佛緣」。

雖然他不認為自己有特定信仰傾向，但他就像大部分的華人一

樣，宗教信仰駁雜，以佛家思維進行論述與表達，也覺得很自在。天主教、佛教這兩種別具一格的信仰，都同時對他伸出了友善之手。也許就是因為如此，讓他相信——先伸出友善的手，遞出橄欖枝，就算在原先固有成見的不同人群之間，也可望開啟新的共贏契機。

全世界的信仰體系眾多，其下每個流派又有對基礎教義的各自闡釋，難免會出現特別「切中真理」或對普羅大眾來說相對「晦澀難懂」的部分。單一個人的闡釋，不論有意還是無意，總是或多或少會有些缺失。人無完人，每一個人都還處於學習、成長中，縱有失準也很正常，因此，我們為何不在不同信仰體系之間異中求同？所有信仰的初衷，都該是引導人們貼近「至善」，並且盡可能地靠近那「被觀測、被描述，難免少些原味的真理」。

然而我們憑著自己的血肉之軀，為了公眾的福祉，從自己的拙見出發，勇於面對自己的不完美，無所畏懼地朝著自己的「初衷」前進，盡力做些力所能及的事，這是應該被鼓勵及接納的；雖然心懷初衷的人必然面對部分人群的「不諒解」，但若要等到沒有阻力才開始，世上注定不會有成功的一天。

當然，現實的世間並非凡事如此單純。在商場和社會上，David Chin也曾因如此純粹的性格，吃過不少悶虧，受過不少教訓。世上

的事情假假真真，有些處心積慮、居心叵測人士說出來的話「假的比真的還真」，但亦有靈巧不足、一心為善的人士卻「真的比假的還假」；就算是本來值得信任的人，也有部分因著人生不堪的際遇而變質了；亦有因故「洗心革面、痛改前非」卻有待時間驗證與修復信譽者。

然而信仰卻不只侷限於「宗教」，人們只要「生而有所堅信的準則，並依此作為行事為人的方針」就可稱為擁有一種信仰。

面對著現今時代危害世界的全民公敵，懷有信仰、追求至善的人們，果真還有餘力能區分彼此，與人劃定「我教他教」或「非我族類，其心必異」的楚河漢界嗎？

行銷學常云：「成交與被成交僅在一線之間。」這也反映出一個道理：「如果希望對方把自己的話聽進去，並樂於接受自己的理念，就必須先端正自己的心態。若打從一開始就覺得對方一無可取，沒有考慮以任何方式嘗試了解對方或肯定對方的心態，這樣雙方溝通起來肯定會有鴻溝且是事倍功半的。」

筆者相信世上所有信仰間不變的共同要素，也就是一個信仰之所以能延續下去最重要的因素之一，就是──「對於不同信仰的人，伸出友善的手」。否則怎麼會有人在經過生命轉折後，突然皈依某種信仰，或從一個信仰改信另一個信仰呢？何不讓我們所信仰

的「超然位格」或「宇宙能量」，藉著我們對於不同信仰的人所釋出的友善，在不同信仰的人心中運行呢？若然「超然的位格」不會藉此在不同信仰的人們心中運行，那麼我們所信仰的究竟是什麼呢？在此並非質問，僅止於一位追求至善的探究者的心得，願世界會因此增加更多的團結與和諧。

行銷學常云：「我們所需要的資源，已客觀地存在世間。」這個理念難道不合乎世間信仰，相信「超然位格」深藏著改變社會人心潛在能量的概念嗎？一位行銷學名師曾云：「快速且精準成交的秘密，在於不找第一次購賣該項商品的客戶。」信仰不僅是一種行銷，更是一種傳播，「賣的是一套準則與精髓，價碼是人此後的一生與選擇方式」。不傳揚好消息與分享個人所信的信仰，已從歷史上消失，或是正在消失中。世上或許真有少數人的良心已經無可挽回，看著世界上時而發生的慘劇，確實無法輕易對受災戶說出：「人性本善。」然而，不可否認的是，探究「人性是否本善」，正是件「艱鉅卻不見得能直接面對問題」的課題。

懷有信仰的人，面對世界上嚴酷的挑戰，難道僅靠教內認識的少數人來面對嗎？真心想做好一件事，想幫助真心所愛的人們，果真會拘泥於迴避「並非明顯是錯，只是大眾以往鮮少探討」的課題嗎？如果需要「團結一切能團結的力量」，我們應該先找不確定對

「社會責任與個人良知上早已準備好並有自覺的人」，還是確定「熱衷於社會責任與追求至善擁有信仰的人」更加有效率？

　　「敵對、疾病、貧困、知識與環境的缺乏，導致人們無法做出更正確的決定」這才應該是世界的公敵。最新的諾貝爾經濟學獎得主的研究給出一個結論：「導致人們貧窮或無法做出更正確決定的原因，往往不是因為個人的品格、才智，甚至與努力與否等條件無關，而是——環境。」單一的個人相當脆弱，往往只能被動地受到環境影響，面對如此棘手的世界公敵，一心追求至善、滿懷社會責任熱誠的人，理應進行更多嘗試，在個人的能力與狀況所能的前提下，捐棄成見，異中求同，專注於入世做出改變的方法，才不枉費、愧對自身的信仰。

　　然而，筆者在此並非勉強鼓吹多教融合的信仰。一如先前所述，若非違背情、理、法，各宗派與少數個人的價值觀信仰，應當是構築世界的重要色彩，世間可以五彩繽紛，卻也能同時同頻共振。然而世間事卻無法那麼簡單地區分黑、白，筆者在此無意與誰為敵，卻必然不會被所有人所認同，否則全世界的意志也早就得到了和諧。然而，「生於此世，但求無愧於心」，惟有照著個人自身生命體悟的度量，去接納、去面對障礙、去實踐，並宣揚自身真心所信。

　　於是David Chin決定按照他的初衷，建立一個能夠分享給他已認識、未認識的好朋友們，並且他能做出最大努力，來確保其品質的禮物。DSC系統，就在這樣的初衷下，經過前半生的累積，與近年來的整合，逐漸成形。

與少林的軼事

　　2008 年汶川地震發生時，當時的少林寺方丈已是釋永信，負責少林藥局的則是釋延琳，他們所帶領的一群僧人開車前往四川賑災，最後連車子都捐贈給了四川。

　　先前提到David Chin成長的過程與各個信仰頗有淵源，因此也養成了在不同的思潮中異中求同、調合同頻的思維。當時機緣巧合，透過一位熟識少林寺的文化大學教授寫信與少林寺連繫上，親訪少林寺並捐贈一台車子給他們。當時正巧碰上少林西來寺鍾譜堂迴廊正在整修，有多座近百年、需要集六人之力合搬才能搬動的

▲參訪嵩山少林寺少林藥局鍾譜堂

▲ David Chin 贈車儀式

泥塑像需要搬動，David Chin 除了協
助雇請工人進行搬遷外，也對少林藥
局的現代化進行過諸多探討。

▲ David Chin 贈送少林藥局佛像

　　這就是一個很好的案例。當天災
不幸發生，與我們不同信仰的人，希
望看到的是擁有信仰的人們分門別
類、各據山頭、互相攻訐的局面，還是不分彼此，專注於追求社會
公益的局面呢？這才是讓對信仰與「世間的善」並非那麼篤定與追
尋的普羅大眾，開啟追尋、探究之門的契機。一如如今新冠肺炎的
爆發或是國際間的各項紛亂，與其聚焦於意識形態的辯論，不如付
諸實踐，試著著手做些什麼吧？

▲上方 3 張組圖為百年泥塑像送神法會
（左圖為高僧們魚貫而出；中圖為送神法會儀式；右圖為 David Chin 上香特寫）

母親的回憶

David Chin 的母親回憶起年幼時的 David Chin 體弱多病，也許是因為幼年成長於花蓮海邊的緣故，自小就有鼻子過敏與經常拉肚子的困擾。約莫一歲多的時候，David Chin 更因高燒腹瀉被送進醫院，而當時醫院審視過他的病癥，決定將年幼的他隔離留院，甚至禁止家長探視；負責的醫師為了使 David Chin 退燒，竟選擇將一歲多幼小的身軀浸泡於冷水盆中，幸而在第二天一早，母親忍受不了將自己那麼小的孩子留在醫院過夜，終於在激烈爭取下，將年幼的他領回自行照顧。

David Chin 小的時候經常感冒，他述及這段往事時，將自己評價成「藥罐子」，不僅西藥照三餐吃，甚至每每到診所就醫，就是屁股先挨兩針。這樣的行為也埋下了隱患，他一直到大學念醫學院後，才發現自己的臀部至大腿的肌肉僵直萎縮，且有大腿骨關節異常的問題。以前他還沒學醫時，只覺得小時候能跑得飛快，長大後卻越來越不能跑，不僅如此，走路姿勢還有些有點外八，就連下肢也經常痠痛！照這樣的病徵推測，很可能是小時候打針造成的。下肢的體內循環不良，也會給心肺功能帶來更大的負擔，比起常人，他更容易工作疲勞與精神不濟！

　　令人意外的是，如今筆者見到的他，卻幾乎不受這些舊疾困擾，甚至比一般同齡人看起來更加年輕與健康。

　　當 David Chin 了解這些因果關係之後，更深深感受到行醫者肩負的重責大任。醫學不斷進步，過去認為正確的處置不代表未來不會被推翻，很多慣用的藥物在一、二十年後被發現有嚴重副作用也是屢見不鮮的狀況，他深覺學醫者絕不能剛愎自用、故步自封，應保持包容的心態與寬廣的格局，多吸收不同理論的新知，並試著保持一切的可能性，自然界的奧秘相對於目前人類的理解，要說人類不過是以管窺天都不為過，我們應保持更加謹慎謙虛的心態！

　　在自身的切身體驗下，David Chin 對人體健康的探索保持著相當開放的心態，他更願意謙虛接受不同文明的各種資訊，並將之加以消化吸收，這也是一般醫學院學生不容易做到的，也因此在這些年來累積了很多心得，尤其在抗衰老的領域。David Chin 強調，以宇宙的規律而言，「人類活到 120 歲」是完全符合自然規律的，但為何現在人們大多數沒辦法走上這條長生之路？就算人類的平均壽命不斷提升，但年老的生活品質卻沒有相對提高！

　　David Chin 熱切地說著，若有有緣人希望在 100 歲生日時還行動自如、健康且充滿活力，他很願意在 DSC 社群的善墨商學院裡舉辦健康公益講座，為大家分享相關的資訊！

共振與同頻

　　自 1970 年代起，就有神經科學家班傑明‧利貝特（Benjamin Libet）首度對於大腦如何產生意識，提出了有趣且有其立論根據的測試方法。而令許多人意外的是，其結果顯示著：「行動的意念在實際行動大約五分之一秒前就出現，但激增的腦內活動則在意念產生前的三分之一秒就出現了。」這也意味著「意念和計畫不一定是在意識裡產生」。

　　更符合大多數人直觀想法的是，「自由意志」更常是行使「否決的自由」。其次可能顯示了，每秒中有幾百萬位元的資訊透過我們的感官流進來，但我們的意識一秒中最多只能處理大約四十個位元，其餘的幾千、幾百萬個位元都被壓縮成一個實際上不含任何資訊的意識經驗，也就是說「我們的意識對於實際正在發生的事一點頭緒也沒有」。

　　加州大學洛杉磯分校心理學榮譽退休教授阿爾伯特‧梅赫拉比安（Albert Mehrabian）也提出了廣為人知的「7：38：55 法則」，描述著當人的言詞、語調與肢體語言透露著相左的訊息時，接收者對於訊息感受到的信任，55%來自肢體語言，38%來自語調，而僅有 7%來自語言。這在某種程度上也反映了，潛意識與非語言訊息

對於人的影響，超乎常人理解的高於想像。

透過 2019 年諾貝爾經濟學獎獲得者——印度裔美國學者阿比吉特‧班納吉（Abhijit Banerjee）、法裔美國學者埃絲特‧迪弗洛（Esther Duflo）、美國學者邁克爾‧克雷默（Michael Kremer）的研究顯示，貧窮的形成並非完全取決於能力、條件、品格、勤勞等的條件，而是剛好窮人活在一個「貧窮」的環境中，在這個環境裡，缺乏足夠信息令他們做出正確的選擇，因而導致根本的貧窮。

王晴天博士博覽群書、閱人無數、廣結良師益友大半生後，將這大半輩子的經歷精簡總結成一句話：「有成就的人，學習三件事：人脈、激勵與技能。」

所謂的「技能」，不僅包含知識、技術、意識等方面，「藏在細節裡的魔鬼」也屬於技能的一部分。至於有效的「激勵」，則可以科學 NLP 等非語言與潛意識的點亮人心之竅門來概括。而「人脈」不只單純指人脈，更彰顯的是環境的重要性，當我們屬於（belong）一個對的環境與人

延伸閱讀

《覺醒時刻：
創富藍圖潛意識激活》
創見文化出版
范清松、
王晴天◎著

群，就更容易成為（become）人生圓滿的人，因為環境與人群之中，無時無刻包含著意識、潛意識、語言、非語言的資訊。

　　自 2007 年「秘密」系列推出以降，人類對於「吸引力法則」的探究上升到一個新的高峰，2009 年「零極限」蔚為風潮之後，人們對於「對發生在自己生命中的一切，負百分之百的責任」，以及「個人內在世界的改變，究竟會創造出多麼不同的現實生活」的探究仍方興未艾，何時會有「蝴蝶效應」？而又何時會「石沉大海」？

　　佛家有「佛渡有緣人」及「發心迴向」的概念，華人也有「天助自助者」與「反求諸己」的說法。《聖經》描述以色列約阿施王因缺乏戰勝敵人的決心，而失去了永絕後患的機會，僅得三勝敵國❶；而被譽為《聖經》中最為聖潔的先知之一——但以理的「認同性悔罪」❷，與夏威夷療法遇上缺乏「脫離困境意志」的人，則選擇清除自身潛意識中的雜訊，靜待導致苦難的潛意識負面能量被中和，亦有幾分異曲同工之妙。上述各家的共同點是，當一個人沒有選擇與另一人成為同道，各家並沒有直接試圖以物質世界的手段進行扭轉（顯然各家都知道基本上無效，或甚至將適得其反）。

　　筆者並不想特別強調各家思潮間是完全一致或殊途同歸的，而更接近是追求近似的目標，因為詳細了解其內涵後，會發現各有不同的發展環境及發展過程，又有許多匠心獨運的細節，感覺將任兩者一概而論，都稍嫌不敬於其中淬煉出的智慧精華。一如若有人對另一人說：「其實我們都是人類，不都一樣？」有些人可能覺得這

句話稍嫌多餘而不知所以，而聽的人未必慍怒，但多半高興不起來，聽起來彷彿個體的獨立性與成長過程的獨特性遭到了否定，自己未必已經準備敞開心門接受的對方表示「雙方並無區別」，反而可能覺得被套入了刻板印象，有時「彼此相同，不分彼此」，聽起來會更像「你已重複，實屬多餘」的概念。

心靈能量的共識

　　佛家有所謂「戒、定、慧」，也就是「三學」。「戒」描述著先是依循某個包含「外在事實」，有助於心靈提升的規則，此為靜不下來、又還不習於接收靈感的人，都能開始著手的起點，定中隱含了「靜」的概念，精髓近於「清除雜訊」，而後乃至於「慧」，以至於「靈感、啟示、開悟」，而「慧」的字面意義則不僅止於靜止與消除、清理的狀態。

　　華人心靈與哲學的重要根基──儒家，其本源亦可謂是《周禮》，《禮記》開宗明義的《大學篇》也有所云：「知止而後有定，定而後能靜，靜而後能安，安而後能慮，慮而後能得」。「知止」是曉得一種放諸四海皆準的律，它張弛有度，以此為基礎能「定」著於一個適於心靈滋生茂密的環境，自此得以進入「靜」來

消除雜訊,而後處於「安」的內外平靜喜悅、自在舒適的狀態,在此狀態下湧現的思緒,透過持續的清除雜訊的「慮」的思慮、過濾過程,最後進入「得」的狀態,此時的狀態同樣也是動靜皆宜的。

孔子有云:「吾十又五而志於學,三十而立,四十而不惑,五十而知天命,六十而耳順,七十而從心所欲不踰矩。」十五志學乃至三十而立,描述了志學乃至最起碼的張弛有度,能為自己負責任的「律」;四十能不惑,可謂「有『定』向」;五十知天命,顯示了習於接受靈感與啟發;六十耳順,呈現了入世與人互動而能獲得進一步的提升;七十從心所欲而不逾矩,呈現了圓滿的自在。

國際心靈學界,吸引力法則凸顯了「意識」與「選擇」的律、夏威夷療法或是潛意識療癒的技術,透過「定」與「靜」的清除雜訊,最終達至「自在」。過程看來較為簡潔,然則「魔鬼藏在細節裡」,對於認知較健全的人們,這樣簡單的過程跳脫了許多桎梏,特別是科學精簡的療癒是其中尤為精要的部分,然而大多在過程中繞了遠路的人,往往可能需要在「是否違背了某些放諸四海皆準的自然律」,或「是否過度磨滅靈感與啟發而以至入世獲得更豐碩人生的時程延後」等的要領中,稍微多加琢磨。

正所謂「讀萬卷書不如行萬里路,行萬里路不如閱人無數,閱人無數不如明師指路」,「讀萬卷書」反映了「以意識為主,書中

潛意識為輔」的學習方式，「行萬里路」反映了「自然、潛意識、
能量與入世」的學習方式，「閱人無數」反映了「磁場碰撞、切
磋」的學習方式，而「明師指路」，不難理解的，反映了當有人達
到了我們想要達到的成果，若能讓他了解我們的狀況，並且傾其所
有來協助我們，退一萬步來說，將學習焦點放在已達到我們想達到
的成果的人身上，通常會是事半功倍的，因此，學會找尋恩師來幫
助自己，正是學習最有效的工具之一。

　　一如《聖經》所言，更巧妙的道理以先，「律」是我們蒙訓誨
的師傅，而當新的「理」來到，我們也會逐漸從「律」的保護下，
進展到從心所欲而不踰矩的境地❸。而人的得救，過程中最重要的
環節之一，就是回歸安息之中的「定靜安」❹。

　　譬如，佛家從相當傾向念佛、普羅大眾不須獨特悟性即可上手
的淨土宗，乃至於最需獨特悟性的禪宗，各家或多或少能以相似的
概念呈現類似的光譜，上述所稱的成長階梯或曲線，或稱「次第」、
「法門」。從統計或某套哲學為出發點來看，是有深淺、難易、先
後之別，然則從實際取得非凡的領悟的人之過程觀察，深淺、難
易、先後，卻是因人而易，就此來說更像是追求近似的目標。

　　又可以一串念珠為喻，念珠並非佛家的專利，天主教、東正
教、英國國教、伊斯蘭教、印度教、錫克教、巴哈伊教也都有。這

一串珠子各異的念珠，又被稱為「法器」，但「法」不在「器」中，設若各思潮追求的近似目標在圓環之內，「空無一物，只能逼近卻無人能訴盡真貌之『超然位格』」。每個人都有屬於自己的一根針與一條線，每個人所穿過的珠子數量、珠子種類、穿孔位置各有不同（筆者特別想藉此比喻每個人從萬事萬物體悟真道至理的要領各有不同），但若一心謙遜求道，終究能完成屬於自身的念珠，而達「定」之不惑，得天啟，入耳順、自在之境。

萬事萬物，描述地簡單，就容易執行，但總難免有人會因失之過簡，條件不具足，而事倍功半；而描述的深刻，餘韻無窮，卻又容易流於陽春白雪，曲高和寡，令人望而生畏。故此，一系思潮，必得有人傳承，並為更大的群集，存流深邃的經驗知識精華，卻得留心買櫝還珠、本末倒置之風險。而以最簡明的方式教育普羅大眾，並建立一脈相承的傳承，盡可能讓最多的人，適性地循序漸進，永續成長，而「為喜得簡明之道而雀躍的大眾們」也應格外留心於學習正確的「依師」，又不應以入門的簡明，否定「增上」的深刻。這一如高中以前的學習，凡事往往都有正確答案；到了大學，正確答案，特別是獨一的正確答案日漸減少；碩博士班更是不在話下，隨著科目的數理化難度提升，這種情況更為明顯。

經濟學圈子有個普遍的笑話：「當你同一個問題問五個經濟學

家，你會得到五個答案，若你得到六個，則其中一位經濟學家來自哈佛。」在高中以前的圈子，我常會聽到人說，數理將世界已經完美描繪，世界無趣，而鄙視人談信仰或非科學議題，然則大學以後的世界，科學與非科學的界線卻比以往所知的更為模糊，甚至能說，非科學本質上是還沒有研究到能成為科學的科學，也就是我們所知甚少，而學問越大的學者，往往得到的新的問題，遠遠比新的答案更多。當然，不應為複雜而複雜，而成為繁文縟節，成長才應該是目的；同樣地，不應為簡單而簡單，無效的簡單，可能只是一種怠惰。

　　然而各思潮間，彼此所認定的「放諸四海皆準的自然律」其實有必須要正視的不同，然而事實上是，學有所成的人，往往都是一懵懵懂懂不斷學習著的人。然則思潮間的溝通，必是存異而求同，謙遜彼此切磋，不否定過往、不忘初衷。

―― 註解 ――

❶ CNV Traditional 2Ki 13:10-19
❷ CNV Traditional Dan 9:1-20
❸ CNV Traditional Gal 3:23-25
❹ CNV Traditional Isa 30:15

Development
of Super Cell

簡單來說，
DSC 是這麼回事……

內容提供者 David Chin

撰 稿 人 林衍廷

那 DSC 究竟是什麼呢？

以下跟讀者做個最簡明基礎又具體的介紹。DSC的全名可以是「DSC夢想實踐家社群」，也是一個連結供需雙方，能夠幫許多人更加高效賺錢，或開始更實惠的品味生活方式的工具。

如果你是一個供應商或講師，加入 DSC 就代表將有一個新的平台能曝光你的商品、課程與服務，有更多人願意幫你分享你的項目，甚至就連你付出的廣告費，都能額外回收一些利潤；如果你是一個消費者，也代表將有一個平台願意給你消費優惠，只要儲值一定額度，就會每天發折扣券給你，不僅讓你消費更划算，更能購買到各種優惠又充滿尊榮禮遇的商品與服務；如果你升級成為 VIP 客戶，DSC 還會提供禮券，讓你送給親友，幫你做人情，讓你很有面子。而只要把這個好消息分享給別人，還有機會額外得到獎勵。說到這裡，大家應該都已經迫不及待地想要了解DSC的操作模式了。

接下來，就讓我們揭下 DSC 的神秘面紗吧！

▲DSC 基本 APP 操作介面

 健康

DSC 用時下大家最便利使用的 APP 介面呈現。在點開 DSC APP 後，首先能在最右側看到「健康」的按鈕。「健康」這個區塊，主要分成兩個標籤——「心苑醫療」與「回春家族」。

「心苑醫療」是坐落於信義區的一間不用廣告宣傳、只接受預約的抗衰老診所，斥資千萬裝潢，是頂級名流養生抗老的秘境，臨床案例超過許多大醫院的數倍。各位讀者不難想像，如果我們不用

花那麼多錢，卻能讓這門生意跟我們有關係，將會如何呢？挺不賴的吧？這是我們 DSC 創辦人 David Chin 參與投資的診所，台中的「心苑診所」也已經開幕，就坐落在七期旁！

　　至於「回春家族」，它的標籤裡有一個 LINE 官方帳號，大家只要掏出手機掃描 QR Code，加入這個 LINE 官方帳號，就能得到各種逆齡回春、抗衰老相關問題的解答，並定時收到相關知識。

旅遊

接著點入「旅遊」的按鈕，可以看到 DSC 會員獨享的尊榮級旅遊待遇。眾所周知，王晴天博士也是一位頂尖的旅遊玩家，他時常帶著魔法弟子們穿梭於各種秘境，展開富含知識及趣味的「論劍」行程，但就連他都曾驚訝地表示，從未見過如此實惠而划算的機票與行程。由此可見DSC旅遊釋放的好康消息絕對讓你值回票價。

旅遊為人類豐富心靈的主要工具，俗話總說：「讀萬卷書，不如行萬里路。」也有所謂「若非人世有佳處，何來鴻儒顯逸情？」人「生」而不只為了「生存」，更是為了「生活」，DSC也為實踐使用者人生美好的「剛性需求」，提供了十分實惠的解決方案。

商城

　　商城部分，有許多大家耳熟能詳的知名品牌，未來還會與新絲路網路商城連結，上面會有各式好書，各種百貨頂級知名品牌，包括德國進口的飛騰家電，一位已使用過鍋子的大咖更是讚不絕口，表示從沒看過這麼神奇、完全無油煙的鍋子。

　　我們透過王博士旗下的 ef 雜誌，取得相當優厚的合作條件，包括難以置信的驚喜價及不定期限量促銷活動，大家可以準備以最優惠的價格揪團搶購。

　　在此必須強調，DSC 嚴選供應商品質，供應商需要經過官方團隊審核，官方保有面談與決定供應商去留的權力。目前

延伸閱讀

《ef 東京衣芙》
采舍出版

排隊面談的供應商絡繹不絕，相信 DSC 在未來能帶給使用者一個更全面、更舒適的生活圈。

還想了解更多的讀者，可以選擇加入筆者的 Line 官方帳號，筆者也會盡力解答你的疑惑。

衍廷老師
LINE 帳號
傳送門

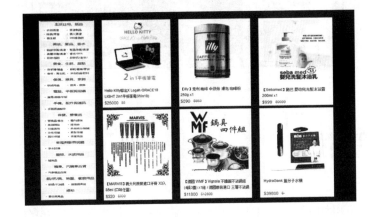

教育

至於DSC教育的部分，上市公司「升學王」的課程早已上架，魔法講盟最落地的課程也即將上架。此外，全球最先進 AI 人工智慧智能開發技術也將在此上架，此技術可幫助您或孩子強化 30 種以上不同 IQ 智力表。

所以特別在此呼籲優秀講師們，當您的課程能上架到 DSC 平台，也是對您的形象加分，展示您的課程於 DSC 平台，等同於在

優質的社群中廣為流傳與曝光。

 理財

說到理財的部分，DSC特別收錄香港科技公司發展的「凌波微步」外匯交易軟件，讓你在新冠肺炎期間，別人在家裡發悶，我們卻能在家裡練功、發大財！

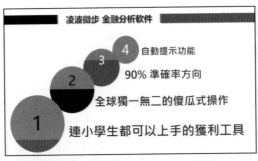

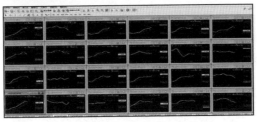

美食休閒

　　美食休閒部分，只要憑著 DSC 聯名卡，數千家美食休閒名店任你遨遊，各種好康折扣優惠讓人目不暇給。

 彩蛋

「彩蛋」部分則是把各種難以歸類的好商品、好服務堆成金山，讓你自行挖取需要的部分。

 慈善

慈善部分，DSC與國際青創育成協會合作，提供對弱勢團體及有志青年的樂善捐款。

針對有心創業卻沒有啟動資金的朋友，DSC將運用善款協助他們，讓他們擁有溯源軟件，進而開啟他們的 DSC 商機。每一筆善心捐款都有對應支持的創業青年，我們深覺得這比直接捐款給弱勢意義更大！秉持著「給魚不如給釣竿」的概念，我們不但能顧及受贈者的尊嚴，更能轉化出更多積極正面促進經濟繁榮的正能量！

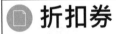 折扣券回饋

在正式上線後，DSC 針對在平台儲值 1,000 美金以上的會員，還有額外回饋——每天都能得到儲值金額萬分之五的「折扣券」！雖然單筆回饋金額不高，但長期積累下來，一年 365 天×0.0005，回饋比例竟然高達 18.25%！

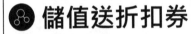

除了這樣的尊榮禮遇外，DSC 預定近期都能免費註冊為消費會員。還不快拿起手機加入 DSC 社群平台！心動不如馬上行動！

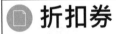 成為 DSC 的 VIP

然而，若想更進一步讓 DSC 成為我們的高效賺錢工具，只成為基本的消費會員是不夠的！必須成為 DSC 的 VIP 會員，購買「智能溯源軟件」。

　　「智能溯源軟件」共有三款，分別是──1,200 美金、6,000 美金、12,000 美金。「溯源軟件」是一套基於「區塊鏈大數據去中心化演算法」的分潤系統。它就像健保一般，以「權重計算的機制」為主要特點，也就是在扣除供應商與平台的成本後，其餘的利潤按貢獻度的權重，分配給對於產生消費有貢獻的人，保證每筆分潤都有對應的利潤，保證發得出來。

財庫

　　此外還有「財庫」的圖示，這是當有人透過你直接或間接地分享，因此產生了消費金額，DSC 便會按照你的貢獻度，分配給你最多能從供應商賺取的分潤總額。

<table>
<tr><td>財庫</td></tr>
<tr><td>⑤ 2500.00</td></tr>
</table>

　　所以當我們購買了 1,200 美金的溯源軟件，未來只要我們透過直接或間接的分享，產生了消費金額，便最多能從供應商賺取 3,000 美金的分潤；而如果我們購買了 12,000 美金的溯源軟件，最多就能從供應商賺取 42,000 美金的分潤！並且，提供溯源軟件的科技廠商，同樣也願意把它的利潤分配出來，所以當我們對某人購買溯源軟件有貢獻，我們同樣會得到分潤。

折扣券額度

DSC平台還會回饋給你等比例的「折扣券額度」，你可以利用折扣券額度開始享有一些好康優惠。

> **折扣券額度**
> 💾 1200

「折扣券額度」並不是「折扣券」，卻有著比折扣券更神奇的雙重功能：

① 兌換券額度

首先，它是讓你可以選擇發送價值等同美金的 DSC 點數給親友的「兌換券額度」。分享你從 DSC 得到的尊榮，幫你做人情，並邀請他們一起來註冊DSC享好康。最神奇的是，如果你有100美金的「額度」，打算送給每個親友1美金，我們能同時將消息發送給200位，甚至更多的親友，但「額度」在發送消息後並不會立即扣除，而是在親友接受邀請、註冊成功之後，「額度」才會被扣除。

這代表了什麼意思呢？舉例來說，如果我們手上有張百貨公司的禮券，打算送給親友，但這張禮券送給親友之後，親友是否有使用，我們不得而知，而若最終他沒有使用禮券的話，對我們來說，就算是平白浪費了一份心意，而對我們的親友來說，也同時是損失

了一份權益。更有甚者，百貨公司也不會曉得有你這麼一位認同他們公司的忠誠顧客，不僅願意消費，更願意幫他們分享、宣傳，因此也不會調升你的 VIP 級別。

然而在DSC就不一樣了，DSC的折扣券存在於網路系統之中，不但不會遺失，也因為錄入你的手機而能隨身攜帶，並且在你為DSC做出的分享貢獻後，系統之中都存有紀錄，會按照你的貢獻給予應有的回饋。

至於為什麼有 100 美金的額度，送給每位親友 1 美金，卻有可能同時送給 200 位或更多的親友呢？這就是系統為了解決前面所提到的問題，而想出的非常人性化的設計。只有親友在「對系統表示接受了你所贈送的折扣券」的時候，「額度」才會真正地從你的帳戶扣除。也就是說，以前面的例子來說，只有前 100 位向系統表示接受你 1 美金折扣券的親友，才能真正得到這 1 美金的折扣券。

所以這對你的親友們來說，是先搶先贏，一次註冊，終身綁定的機制；而對供應商來說，也是最划算的廣告；對親友分享來說，就是最實惠的伴手禮。

這樣神奇功能在第六章有說明使用原理，而第七章有詳細的操作解說，讀者有需要的話，可以專門去翻閱。真的需要詢問的話，也能透過書中的聯繫方式聯絡專人為您解答。

② 集點卡

其次，「折扣券額度」也像一張「集點卡」，能夠讓你裝入等量的「折扣券」，一併交給 DSC，以取得購買溯源軟件的折扣。DSC 不定期會有特惠方案，優惠期間最多可以折價 30%，錯過不再，欲購請早。欲知詳情也請多利用書中的聯繫方式。

衍廷老師
LINE 帳號
傳送門

🌐 從聚寶盆領錢

那我們該怎麼從聚寶盆領錢呢？比如說，當我們購買了 1,200 美金的溯源軟件，每天，當有消費因我們的貢獻而產生，我們就會看到聚寶盆裡有錢掉下來。

　　以聚寶盆中有 100 美金為例，我們只要點擊聚寶盆，不但會得到 100 美金，系統更會給我們三個紅包抽，比如說最後可能會得到 105 美金，然後這 105 美金就會從財庫移動到我們的美金錢包。

　　這時，也許你會想問，當財庫用完了，我們的錢包裡也已經紮紮實實地領到了 3,000 美金，這時如果聚寶盆還有錢，我們是否還能領得到呢？這時就該來介紹 DSC 的另一個人性化特色了。

先有收入，後有成本

　　DSC 非常人性化的地方就是，當你的財庫用完了，而聚寶盆有錢，當天都可以購買溯源軟件來補充財庫。

　　如果你已經從財庫賺到了 3,000 美金，而聚寶盆還有 500 美金

可以領,你會不會再花 1,200 美金購買溯源軟件補充財庫呢?正常人的答案應該都是「會」,而這也是許多頂尖商人做生意想要達到的「先有收入,後有成本」的理想境界。

但世界上有多少人能真的做得到「先有收入,後有成本」呢?今天,DSC透過人性化的設計,讓所有熱情分享好東西的朋友們都能做到這件事!並且,財庫中的數字並沒有使用期限,只要持續對DSC社群有貢獻,就能不限時間,領到完為止,這一點也是超乎想像的人性化。

補財庫

在台北南勢角附近,我們能看到許多攤位按照民間習俗,收取費用幫人進行「補財庫」的儀式,而 DSC 領取收入的設計,也是借用這個習俗,讓人們更加深切地潛移默化,養成生活實踐的補財

庫習慣，就是要時時關心自己的生意，與此相對應的思想，不論何種信仰，都有與之相對應的提醒❶。

與我們聯繫

　　更多資訊與提問都歡迎利用書中的聯繫方式，這一章與第七章是理解 DSC 的基礎架構與實際運用最簡明的說明，除此之外的理念與較深入的 DSC 內涵介紹如果需要時間慢慢品味，最簡單的就是把這一章與第七章用到滾瓜爛熟，時不時再依照自己的需要，回顧理念與初衷的部分，久而久之，讀者們就能自然而然地越來越了解 DSC 了！

衍廷老師
LINE 帳號
傳送門

■── 註解 ──■

❶ CNV Traditional Pro 27:23-24

　　您想與本書作者──林衍廷、David Chin、王晴天博士面對面互動嗎？
　　現在機會來了！每個月的第一個週五下午 2：30～晚上 8：30 與第二個週五傍晚 5：30～晚上 8：30，David Chin 醫師親臨新北市中和區中山路二段 366 巷 10 號 3 樓中和魔法教室主講：獲得「**真健康**」與「**大財富**」的奧秘，由王晴天博士主持，此系列課程全部免費，歡迎大家參與共襄盛舉！

Development
of Super Cell

Chapter

5

做為共同作者，
我能說的是……

撰 稿 人 林衍廷

也許我是這樣成為了共同作者

David Chin 演講的那天，我帶著筆記本盡可能地寫下紀錄，但難免有些引人深思、全神聆聽、精彩絕倫的環結，讓我最多只能匆促寫下重點。回家的路上，我趁著記憶猶新，回想演講過程，盡己所能地寫下了自己接收到的新知識。我拿著筆，圈起筆記上的要點，一一描述其中的關聯性，喃喃自語地說：「『抖音＋』？」

還記得先前我提過，王博士把我列為撰寫「抖音」相關書籍的人。「抖音」是一款近幾年從中國大陸紅到全世界的APP，公司名為「字節跳動」，在這領域較熟稔的人都知道，該公司另一款知名APP是「今日頭條」。「今日頭條」獨創以「大數據」的形式，透過收集每位使用者的瀏覽率、點讚率、評論率、停留時間等數據，並藉由一套「去中心化」的演算法，分析使用者想看的新聞，最後將之推播給使用者。此種模式在短短數年之間就席捲了全中國大陸，改變了人們接收資訊的方法。

而「抖音」則是同樣運用了「大數據去中心化演算法」，分析人們喜愛的短視頻影片，並依照用戶的喜好推播他們愛看的影片。

在中國大陸以外的地區，「抖音」的國際版稱為「TikTok」，許多人對「TikTok」的印象還停滯於各種模仿短片或小孩子間的流行。然而在中國大陸，卻早已出現一種新說法：「抖音已經再次改變了人們接收資訊的習慣，意義上頗有超越百度與今日頭條，成為人們搜索與接收資訊的方式。」

全球已有許多敏銳的網路行銷從業人員、部落客等，開始透過「抖音」提早進入下一個世代的「傳播」模式。與此相關的信息與相關課程，也如雨後春筍般，不斷冒出。

而我寫的這本書，名為《魔法抖音：僅限企業主、超業、一線網紅與匠人知道的秘密》，雖不免俗地要介紹其操作與行銷模式。但特點在於特別著墨——各種企業該如何開始將抖音置入你的企業？又該如何透過抖音為你的企業「賦能」？

而分析「字節跳動」、「今日頭條」、「抖音」與目前世界上已知的著名「獨角獸企業」，我們也能從中探討一個以 APP 或共享經濟類型平台打天下的商業模式。

以下先科普一些專有名詞：

所謂的「獨角獸企業」，是指成立 10 年內、股票未上市、市值超過 10 億美金的企業，如果市值超過 100 億美金，又特別稱為

「10倍獨角獸企業」。

隨著時代潮流的演進，以往曾經出現一些特殊的名詞，比如「互聯網＋」或「＋互聯網」、「區塊鏈＋」或「＋區塊鏈」，而魔法抖音探討的就是「抖音＋」與「＋抖音」。通常「×××＋」，指的是如何「透過以×××為基礎的創新與思維，為實體或傳統的產業賦予新的能量」；而「＋×××」，通常只是跟風，與潮流掛上鉤，而缺乏創新與新的思維。不過總歸是個開始，我覺得其本身並不具負面意義。但通常我們會知道，稍微加上一些創新與新的思維，帶來的附加價值往往不會是一星半點。

而「抖音＋」，在書中總結為：結合「區塊鏈或類區塊鏈的去中心化及去邊界化」、「大數據演算法」、「商業與行銷的裂變模式」的創新與思維模式。所以，「魔法抖音」也可以說是著重探討——「字節跳動」如何透過「抖音＋」在短短數年之內，締造了成為「10倍獨角獸」的能量？而其他企業主又該如何運用或模仿這些元素，使自己的企業也能在數年之內創造成為「10倍獨角獸」的潛能？

上一個世代的傳播平台演變

　　Facebook 於 2004 年左右，在人們的歷史中出現，迄今已經走過 15~16 個年頭，連同旗下的 Instagram、WhatsApp，共計囊括了全球超越 50 億的用戶。然而，抖音才剛過 3 個年頭，全球卻已有逾 5 億的用戶。

　　抖音的秘密是什麼？它何以能發展如此快速？在探討這些議題前，得讓我們先來分析以往與 Facebook 近似的平台的發展過程。

　　平台的本身原則上是不負責生產專屬於自己的內容的，最初的用戶與內容都相對稀缺而簡潔，經過大量增加的用戶群後，才逐漸發展茁壯，用戶群也越來越熟悉平台的使用，平台更能高效且快速地放上各種五光十色的內容，這更帶動了平台用戶的人數成長。

　　然而這樣的傳播，也離不開由哈佛大學心理學教授斯坦利·米爾格拉姆提出的「六度分隔理論」。所謂的「六度分隔理論」，就是指「世界上的任意兩個人，只要透過 6 次關係的聯繫就能夠互相連接」。而這理論經過 Facebook 囊括全球用戶的過程，更驗證了兩個素昧平生的人，平均只要透過 4.5 次的關係就能連結認識。

　　我不知道大家聽到這個事實之後有什麼感受，然而我的感受是：「原來人與人之間的關係那麼遙遠，4.5 次的關係，Facebook竟然走了 15~16 年。」

　　全球化的時代，傳播方式勢必會不斷進化，今天的Facebook，也已經不像以往那麼受普羅大眾支持而爭相傳播自己的資訊了。

　　以往內容尚未飽和的年代，用戶在 Facebook 上張貼內容的觸擊率是100%，也就是你人際網絡100%的人都看得到。當然，特別是在內容尚未飽和的年代，都會有「流量紅利」，比如社群網站或部落格的首頁，會曝光一些用戶的內容，但如今就很難看到自己想發送的內容了。

　　隨著用戶對平台的「黏著度」增加，平台基於「必須營利」的原因與考量發送廣告，同時也較不擔心會因此流失用戶。然而，就算是同樣質量的內容，每位用戶每天能看的「內容總量」是相對固定的。

　　比如說，2012 年Facebook每日上傳的照片達 3.5 億張，假設每人每天平均瀏覽 10 張照片，不會有人因為Facebook多允許了 10 張廣告圖片，每人瀏覽的圖片數量就變成一天 20 張。因此，平台降低了「觸擊率」，將我們熟悉的人事物的資訊降低到 2%以下。

而「觸擊率」其實指的就是我們在平台上發佈自己的文字、圖像或影片時，我們的人際網絡能夠接收到的比例。曾經是用戶提供了人際網絡，熱情無私無償分享內容的地方，就變成挖空心思創作的內容，若是沒有廣告預算也難以傳達。而在平台上留下的資訊，與過往提供的人際網絡，以及使用紀錄，成為了平台藉以投放廣告，讓「熱情無償無私的分享與貢獻者」掏腰包買單的工具，締造的卻是平台 6,000 億美金的市值；而為建造平台，真心無償無私熱愛平台、提供內容的使用者，卻所獲甚微或根本一無所獲，甚至在未來還會持續為此付出代價。

我在此並非想當正義魔人去譴責些什麼，不過，新的世代，是否需要更加符合彼此利益共創雙贏的傳播模式呢？在此也很希望鼓勵現有的平台，能多試著思考如何與「為平台提供貢獻」的使用者創造「共贏」局面，如此才是往後的世代更長遠的競爭力與社會的福祉。對於打造永續經營的企業與平台，乃至於永續的企業與社會關係，也必然有所助益。

| 最初用戶與內容都相對稀缺而簡潔：流量紅利，鼓勵用戶填滿五光十色的內容。（100%~100%+觸及率） | ⇨ | 用戶對平台黏著度增加，平台基於營利目的必須賣廣告，也較不擔心用戶流失：用戶挖空心思創作的內容，缺乏廣告預算就難以傳達。 | ⇨ | 結果：締造平台數千億美金市值；無償無私熱愛平台、提供內容的用戶，卻所獲甚微。 |

▲舊時代傳播平台演變圖

新時代的傳播平台演變

　　Facebook創立後的十餘年之後，抖音橫空出世，實現了以下幾大突破：

　　第一，以往如果我們習慣一天在YouTube上看一個1小時的影片，那就只有1個瀏覽次數；而抖音主推的是短視頻，一個影片可能短到只有15秒，所以同樣看1個小時，卻可以看240個影片，締造240倍的瀏覽次數！這放大了更多的瀏覽率，讓更多人有機會傳播他想要傳播的資訊。

　　第二，影片時長的縮短，也使影片的製作者縮短了製作影片的時間，但同時也要求他們進行更精華的製作方式，才能在短時間內抓住觀眾的眼球，所以影片的製作品質也因此提高了。

　　第三，抖音透過「大數據去中心化」的演算法，透過一個影片的完播率、點讚率、評論率……等及其他細緻的統計，來評斷用戶是否為一個熱愛分享及聆聽的優質用戶，而不是機器人的使用習慣。評斷方式也包括用戶的特定喜好內容、其提供的優質內容、內容是否有違規等部分，這些在在都影響了一個用戶在抖音平台上「聲量」的權重。

　　根據統計，我們可以看到一個被抖音判定為正常、優質的用戶，他所發出的一個影片，第一波的瀏覽次數約在 400，熟知統計學的人都明白，常態分配的統計，大約 400~1000 個樣本時，所得到的「信度」與「效度」是接近的，當這個樣本數的瀏覽者，給予這個內容合理而優質的反饋——也就是適當的完播率、點讚率、評論比率等，抖音便會透過大數據分析這是優質且是特定群集的廣大群眾想看的，因此就會再按照比例推播給另一個更廣大的群集瀏覽。依此類推，直到反饋的權重相比於其他內容沒有優勢時，這個過程才會暫時趨緩。

　　而這樣反覆大量的運算，我們能推估至少是使用了「類區塊鏈去中心化」的演算法，才能在低成本的前提下達到這樣的目的。大部分常在吸收新知的人可能知道，過去亞洲首富馬雲的阿里巴巴集團，一直擁有全球最多的區塊鏈專利，多年前他就公開表示過，每年 11 月 11 日光棍節的流量太大了，如果不發展區塊鏈的技術，他們根本無法負荷，因此不得不走上「區塊鏈」這條路。

　　所以，抖音比起 Facebook，它給予了更多人發聲的機會，鼓勵大家創造更精華的內容，並將這些內容精準地發送到最想看的人眼前，在創造大眾每天想看短視頻需求的同時，快速且確實地填補了

這些需求。抖音平台以過往平台所沒有的超高速，完成了影片資訊內容的填滿與按需求的精準推送，雖然，它也不免俗地快速進入發送廣告的階段，但那些不斷提供優質內容的用戶，目前仍能擁有大於其他舊時代平台的網路聲量，並且得以在抖音平台高質量的經營生意。所以，這是新時代更加從用戶的體驗出發，與用戶創造共贏的思維基礎。

透過「大數據去中心化的演算法」與統計學分析用戶最喜愛的內容，並推送給他們。	雖然也不免俗地快速進入發送廣告的階段，但提供優質內容的用戶，目前仍有大於其他舊時代平台的網路聲量，並且在上面高質量的經營生意。	所以，這是新時代更加從用戶的體驗出發，與用戶創造共贏的思維基礎。

▲新時代傳播平台演變圖

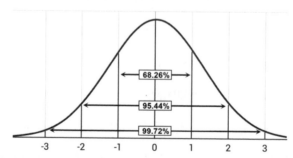

▲常態分配圖，400~1000 左右樣本數，統計的信度與效度接近

讓你的企業，擁有自己的「抖音＋」

說了一大堆「抖音＋」的平台理念，大家應該可以發現，DSC

就是一個完全符合「抖音＋」基本概念的系統，它擁有自己的「類區塊鏈去中心化大數據演算法分潤溯源系統」，跟其他平台與供應商、消費者、分享者並跨國際對接的強大功能。

這些在在顯示出 DSC 系統獨特的創新，在稍後的章節，讀者也能更清楚地看到 DSC 是如何實現「裂變的商業與行銷模式」。坊間概念上描述「裂變」觀點的並非沒有，在中國大陸相對更多，但許多僅是「＋裂變」，而非「裂變＋」，在之後的章節我會再與大家分享探討。

看了這麼多，大家應該也能明白我為何對 DSC 特別有感觸。它符合我所研究的「抖音＋」企業，具備在數年內創造「10 倍獨角獸企業」的潛能，更有甚者，它強大的對接能力、新穎綿密的思維、開放的胸懷與態度，更給了坊間其他企業一個契機，能夠實現「DSC ＋」。

或許不是每間企業都能成為抖音，都能成為 DSC，但是更多的企業主可以藉助「抖音＋」、「DSC ＋」來為自己的企業賦能，賦予企業全新的生命力。

寫作心路歷程

本書雖有許多深刻的內容是我向 David Chin 及多位大師學習的心得，但我也相當感激 David Chin 給我很大的寫作空間與自由，如果有什麼描述不精準的地方，還請諸位讀者優先考量是筆者可能沒有表達清楚。

筆者曾多次與 David Chin 詳談書稿內容，雖然會得到好些指示、指正與更多的相關補充資料，但他平時也有自己的生活，以及一些重要的會面，他時常告訴我：「有你在，我很放心。」我也想藉此感謝給我機會寫這本書的 David Chin 及王晴天博士，以及協助我完成此書的多位有名無名的英雄。

有時我會問 David Chin 說：「這部分若用您的口吻來說，會怎麼描述呢？」他時而會說：「沒關係，就照你自己之前跟我說的方法，我覺得就很好。」有時我也會告訴他：「我希望能更忠實地呈現您的風格，其中的內容大部分是您和團隊的心血，我的風格並不適合太過突出。」但他卻覺得文章揉雜我的風格也相當不錯。是的，他就是秉持這般一貫的低調態度，且富「君子成人之美」，我也就因著這本書，快速地從一個新鮮人融入成為 DSC 的一分子。

既然我的風格多了，就該開始讓讀者們認識下，我這位主筆作者的身分與簡歷，為 DSC 以我自己的角度說說話。

筆者簡歷

筆者誕生於傳統華人文化的公務員家庭，公務員朋友的身分同樣也不少是公務員。當時的台灣全民在穩定的生活之餘，股票自然也成為親友間閒話家常的話題。筆者在約 7 歲時開始思考，為何股市如大人們所描述的，似乎非漲即跌；為何總聽聞人們總是虧多於賺，閒談之間的懊悔與「早知道」卻遠遠超出「非漲即跌」的 50% 對 50%。在這剛好略懂數字與文字的年紀，引發了孩童的好奇心，開始記錄下大人們談論股市的發言，並同時記錄報紙與電視的相關消息。

一段時間後，我開始覺得，好像越來越明白人們買賣股票虧損的原因了，另一個很自然的想法就是——同樣的，是不是也能研究出能夠透過買賣股票賺錢的方式呢？經過自己幾番研習，終於鼓起勇氣向母親開口，借她的名義與帳戶，用自己多年存下的兩萬塊壓歲錢，買了一支股票，兩周後將股票賣掉，淨賺了 1,400 元。雖然這只是個小小的開始，卻從此開啟了我對投資理財的興趣、信心與

學習路程。

　　每每談及此事，我總想感謝父母的教育與栽培，許多父母將過年的壓歲錢視為自己包給親友的子女、而親友也回包給自己子女的儀式，名義上是由孩子收下，但卻由父母代為管理，作為育兒經費，我覺得這確實合情合理。然而，筆者的父母卻從小刻意建構、尊重我擁有積蓄與物件的權利，年幼的我也曾玩過做家事換零用錢的「小小打工遊戲」，即便周遭多少也會因為有人覺得父母對我的教育太過「較真」而受過一些壓力，不得已放棄一些我後來覺得深受啟發的教育方式。每當我在人前感謝他們時，他們往往會說：「只是想給孩子最好的，但確實也不知道什麼是最好的，回過頭來有時也覺得自己亂來一通。」但我也感激他們不在乎自己是否是專業教育界人士，只是勇敢、用心地在我身上嘗試。

　　人在做，天在看，這不只是懲戒的意義，《聖經》上有句話是這樣說的：「人若有願作的心，必蒙神的喜悅。」❶當時仍是孩童的我，並沒有什麼宏偉的心願、理想或意志力，但我想，我能擁有的一切，都來自於不在乎自己的缺乏、費盡心力養育我的父母。

　　我在小時候也曾是個為他們製造了不少困擾的孩子，因此，還是想藉著這本書中介紹自己的機會，好好地感謝我的父母。

　　國小和國中時期，筆者可能因為讀了太多超齡而題材沉重的書籍，且又不擅長與同學相處，性格開始傾向沉默而負面。雖然我的家庭是典型華人儒釋道信仰的家庭，但我卻在中學時進入了基督教會，讓我因而找到生命的方向、喜悅。

　　一如第二章所述，David Chin 由信仰天主教的父親養育成人，卻與佛教信仰多有淵源；而我則自華人儒釋道的家庭中長大，而以基督信仰為我個人的選擇。也許因為我們都曾接受過不同信仰的恩惠，因此更在乎不同思潮間的調和、同頻與和諧，我們可以說是DSC 同頻精神中的一個良好案例。

　　在基督信仰中找到歸屬的我，自中學到大學，一直以成為神職人員為目標，時不時就會詢問牧者，如果想成為神職人員，我應該如何努力呢？許多旁人告訴我：「當神職人員有什麼好努力的？只要信仰虔誠，書讀不好就行了啊！」這與我的主觀經驗有些不同。

　　雖成為神職人員不是那麼容易，但確實不應該是靠天分或雄厚資產才能走上的路。然而也許筆者過分木訥老實、就算努力學習與人相處得更好，也能感覺出來，雖人際關係一直有在進步，但僅止於和諧，卻沒那麼容易被人當作「打成一片」。

　　我詢問過的牧者，大多不大正面回答我的問題，甚至少數牧者更會回答些比較抽象或富含推托感的話，直到有次聽到一個回答，

我雖然當下不大明白這句話的意義，卻覺得這段話很特別，因此銘記在心，那句話是這樣說的：「當了神職人員，總會有人覺得你在領會友的錢生活，不是你想怎樣就怎樣，你的作為也會關係到會友的感覺。」這問題我在此之前倒是從來沒有想過的。之後，我與一位熟識的朋友聊起這件事，他說：「也許這間教會太小，財務比較吃緊，幻想當神職人員白吃白喝的人較多吧。」雖然這位朋友描述的不見得是事實，但我卻能透過這兩人的談話，來深入思考更加複雜的人情世故。

我當年進入教會時是個愛搗蛋搞破壞的孩子，後來有了改變，我自己也覺得很神奇。我在《聖經》中最喜歡的章節，多是「使徒保羅」所寫，他是一名曾經迫害基督徒，卻奇蹟式的悔改，不領教會的奉養，以編織帳篷為業，四處旅行將福音傳遍地中海與羅馬帝國，最終死於迫害的殉道者。對我來說，信仰與未來的志向，得到什麼是其次的，能付出什麼和貢獻什麼，才是我專心聚焦的事。

之後，我就較少詢問「如何能更好的成為神職人員」的問題，因為我曉得，別人回答的，不見得是適合我的狀況。自此我只專注做真心相信是正確且無愧於信仰的事。曾有位基督徒跟我說：「你需要讓人感受到你忠於上帝，忠於教會。」我想了想後回答：「如果您們沒有感受到，那我還有很多努力的空間，我會盡心忠於上

帝，教會只要站在上帝那一邊，我們就在同一邊。」❷

其實我對於大部分的人都是抱持著相對敞開的態度，只不過太過講求話語的精準度，總讓人覺得奇怪及有距離感。不過一如曾經協助過我的眾人，不看自己的不完美，只本著幫助我的真心一般，其實我心裡也早就下了決意：「我只求活得無愧於上帝，我不會管別人認為我是不是神職人員。」當我面見上帝的那天，我決定絕對不對祂說：「我沒做什麼什麼事……，因為別人說怎樣怎樣……」

有的人只擔心教會會不會養他，而我只在意教會有什麼需要，上帝要我養教會，我就養教會。

隨著時間過去，一晃眼，身邊同期的朋友，都成為教會指派照看「弟妹」的「組長」或「輔導」，我終於在大三之際，得到教會指派，成為大專生的組長，身為組長，開始有更多人與我探討他們生命中遇上的困難。

我為此陷入深深的流淚祈禱，不論是感情上遭人背叛、家庭關係的失和乃至於破裂、抑或是經濟問題急迫，都使我感同身受。這樣的情況，在我接到一位組員家中被討債集團包圍，打電話向我求救時，上升到一個新的高峰。我為他祈禱，試著與他一同面對、一同想辦法。但當我獨自一人時，我仍流淚向上帝祈禱：「我不想只

為他們祈禱而已，我祈禱之後只有眼淚要承受，而他們卻還有現實要承受；我不想對他們說：『上帝一定有你要的答案。』內心某處卻得慶幸發生在他們身上的事情不是發生在我身上。求祢給我一個戰場，讓我活下去就能變得更堅強，當我說：『上帝一定有你要的答案』時，是我已經看了無數生命翻轉的奇蹟，看成了習慣。」

曾有位學長告訴我：「學生的任務不是為了讀書，而是學習。」學校有場講座，講師告訴我：「你的實力，比你的學歷、證照更加重要。」同學的家長則告訴我：「要讀好書，才有好工作。」讀了大學的我，矯枉過正，我決定不再為找工作與學歷而讀書，因為訪問了學長姐未來的出路，赫然發現沒有幾個的收入比我的投資績效更好。由於我打算只是為了給父母一個交代而完成大學學業，因此只選我相信對自身能力與未來有幫助的課程來學，不管課程有多難，為了選一門有價值的外系課程，即使與本系主修撞課也照樣把本系主修科目退選。

這樣的日子持續到我那日的祈禱為止。我下了決心，流淚向我的父母致歉，我的良心承受不住明知周遭有人有嚴酷的生命課題要面對，而我卻還花了大把的時間學習跟父母期待的就業無關的內容。但一定要給父母一個交代，既然無法以學歷來交代，至少要以坦誠的溝通來交代。

一位師長跟我說：「你不完成學業，就算功成名就又有什麼用，只是社會的壞榜樣，你以為你是比爾蓋茲還是賈伯斯？就算你模仿了他們最終也成為了他們，但你還是社會的壞榜樣！」

我回答：「我無意模仿他們，我這樣選擇，不是因為我厲害，而是因為我是凡夫俗子。我沒有能力既在意社會評價的『面子』，又能顧好真心相信有價值『裡子』。我的判斷是有捨才有得，不能天真地花時間在沒有人真正需要的事情上，又期待真心在意的事情會有所進展。如果我一事無成還三心二意，那本身就是個壞榜樣；如果我執行並完成了我人生的使命，我同意您說的，對好些人來說，我還是壞榜樣。但我會鼓勵所有的老師，只要有助於保護他們的學生，就照他們的『需要』來譴責我。」

生涯發跡的循環

我離開學校出了社會以後，靠著拿手的投資操盤技術尚能果腹，但若要養員工，則需要更龐大的資金，而且受我的操盤技術吸引而來的人，多半心態則較傾向不勞而獲。我不只想養活自己，我還想要體會人們翻轉生命的過程，並且從事一份激勵人們勤奮、上進的事業。

　　從那之後，我多年持續性地接觸行銷與創業，多見識了好些人心險惡、世態炎涼的情景，十多年來花費在創業、上課進修上的金額，早已超過五、六百萬台幣，無數次陷入三餐不繼的地步，之後又絕大多數靠著把借到的一筆錢砸入一門新的投資課程，提升了自己的投資報酬率，而讓財務情況回到正軌。

　　近年來一位我頗為尊重的商業導師，很認真地告訴我：「月入30萬以下的人，不需要學行銷以外的東西。」我明白他必然是經過了許多人生體悟才這樣告訴我，然而這對我而言卻是個迎頭痛擊。我明白他說的狀況對於大多數人來說非常精準，可是我也聽明白了，這剛好不適用在我身上。因為如果我像大多數人的人生與事業發跡的起頭一樣，以月入30萬為標準的話，那我該做的一定不是像過去十多年一樣反覆地學習創業與行銷。

　　我從那一刻起，感受到人雖然可以努力，而我也努力奮鬥不下十多年了，然而人或多或少也有自己的天命。對於行銷領域，縱使我學得再認真，就算進步了很多，但在決定是否能出成果，並且大量出成果的重要環節上總有些許欠缺；而反觀投資、交易領域，我甚至不必找太厲害的老師學習，只要老師有可取之處，我很快就能提取精華，並青出於藍。

　　簡言之，就像俗話說的：「高手手中的小石子，勝過常人手中的手裡劍。」工具具備多大的威力，要看用的人是誰。看著身邊無數在投資與金融交易領域不曾獲利，或是一時風光之後卻終究傾家蕩產的人，我明白不論自己喜不喜歡，但確實這條路我一直走得比許多人都順暢，也許我只能心懷感恩地接受屬於我的天命。

　　那段故事的結局，是我從破產邊緣，借了 15 萬元，並在 15 個交易日內，大約 19~21 天，額外賺取了超過 35 萬元的淨利潤，並以此作為基礎，再次東山再起。幫我做記錄的員工很清楚，跟我使用類似策略，並且績效最好的老師，若要跟我有同樣的獲利，下單的額度與承受的風險就必須是我的 4 倍。

　　我明白這樣的成功故事可能誤導很多人以為這很容易，但確實就是發生在我身上的事實。雖然這位導師最直接的指示與我最後的選擇可謂南轅北轍，但我仍然感謝他勤奮地學習並實踐，同時又將最新的心得分享出來，也因此深深地啟發了我。我同樣也感謝自己有活學活用，人生的價值發揮，從認清自己開始。

　　然而我也樂於與績效也許不如我的老師和諧共贏相處，理由如下：

　　其一，投資與交易並不全是分析與實操。我自幼就時常能見到無數有意無意哄人投資賠錢標的的營業員或業務員，甚至會以舞

弊、有失公平正義的行為來謀利，而我實在不想花太多時間在一個我很難與他們同頻共振的地方。但若偶然遇上或多或少較為麻煩的「意外」或糾紛，多認識幾個在業界有地位的師長不是件壞事。

其二，交易員績效高到一定程度之後，教課的時間是很難賺到比自己操作更多錢的。而付得起更多錢的人，其實更應該從事對社會實體生產有貢獻的事情，而不見得是將錢花在學習與投資理財相關的課程。雖然這部分確實有很多資金充沛的人肯花錢上課，我也不想因此譴責這市場的供需雙方，我只能說，那是比較不符合我理念且不會讓我想去做的事情。而一個人想成長為成熟穩健的操盤專才，確實是「盤中十分鐘，盤後十年功」。有更多人投身於基礎教育，只要內容公允紮實，對社會也是有機會有所幫助的。

其三，「弟子不必不如師，師不必賢於弟子。」受人點滴自當湧泉以報，也許我的特質較為適合這樣的工作，也使得他們的課程對我更加有價值。不過我覺得對於「傳道、授業、解惑」的老師們永懷敬意與感恩，是我作為學生的本分。而對未來也有更大的理想，希望有助於金融的生態，能夠減少許多悲劇、欺騙。為此希望盡可能常懷「毋樹敵於天下」的「仁心」，「己所不欲，勿施於人」乃至於「推己及人」。

　　然而我必須說的是，不論是再實用的課程或再易學的設計，也總有無法藉此獲益並因此抱怨課程的學員。而在教育培訓界經驗充足的人往往都知道，當一個學員無法受益，其實也很有可能是因為此學員在該領域的基礎與資質不足。而抱怨除了讓人懷疑他別有用心、閱歷不足外，也很可能自曝其短。在此奉勸學員切莫因情緒化，自毀個人在生涯上的發展，將自己的損失擴大。若然學習一門課程，能夠讓自己明白，以後可能較不需要親自操刀或學習該領域，但其實只要學員本身有其他的人生價值，此項認識絕對是價值連城的。人類專注於天分與熱情的力量，是非常巨大的，使世界的一切豐富與美好，都得以在今日實現，並能展望未來。

　　我有一項常年在做的事情，就是作為各個投資老師的學員績效見證。我公司內幫我發交易紀錄與帳單給老師們的員工對此最有感受，因為他們得知道該老師的交易策略實際上如何，又能創造多少績效。而我則會精選各個老師的策略最適合操作的時機，實際操作並獲利，作為憑證給他們，當作酬謝，藉此鞏固長遠的合作關係。員工們常常很困擾的就是因為我的進出場點往往比各個老師更好，有時也會一時忘了額外幫老師們用他們的策略做成實操案例，以至於沒有憑證能交出去。

　　當然，也會有人在聽聞我的績效後，仍嘲諷我是「投機取巧」，

認為我最多只能一時得志，在有賺有賠之後，最終難逃破產。我對這樣的言論保持尊重，我之所以能在此領域生存至今，也是基於持續地虛心學習，並謙遜而穩健地看待自己的操盤技巧。

然而對於生涯付出數百萬元貢獻培訓產業的營業額，卻屢受虧待的我而言，究竟是創業行銷接受培訓的風險大，還是十多年來養活我全家並讓我持續有預算與時間學習的投資交易風險大，似是不辯自明的道理。當然，這個答案因人而異。

在學習之前，必然要先確定您從師對象的「吃飯絕活」到底是什麼。懷疑 David Chin 在「醫療管理與創業上的經驗」是沒有意義的；一如懷疑王博士在「打造暢銷書及在銷書通路之中呼風喚雨的能力」也是沒有意義的；又如懷疑某家行銷公司「只跟講師拆帳，唯有持續的績效才能存活的行銷能力」仍是沒有意義的。同樣，人們總懷疑我的一生是怎麼活到現在的；但對我來說，懷疑我是怎麼活過來的，是完全沒有意義的。

以往在培訓業界曾有對我十分不友善與鄙視的機構，但當他們知道我真正的「專長所在」，並在聽我說出：「你們不跟我在教育培訓或行銷創業上好好合作，只是讓我別無選擇地把心力投注在金融市場上賺錢。一旦讓我來到金融市場，雖然人外有人、天外有

天，我不是這個領域的國王，但要找到一個明顯績效優於我的人，也沒有那麼容易。」之後我又輔以說明我稍後會提到的「大數據AI」及其他計畫，與我的完整初衷與理念後，自此以後，他們便主動積極地與我聯繫。而我則比照他們曾回絕我的話，把持著選擇權，跟他們說：「給我一個必須跟你們合作的理由。」

當績效高到一定程度後，這低利率時代的金融體系便願意大把大把地出借資金；若績效與還款穩定，利率甚至可以壓得更低，貸款額度也水漲船高。若非為了培訓後進，增進社會正確認知，只要不是想要更短時間內達到身價億萬，真的不知道為何要有求於人。雖然這種人在市場上根本前所未聞或無法證明實際存在，但這種人，多少還是存在著，並致力於讓社會更美好。

當真是進可攻，退可守。真如白居易詩中所云：「通當為大鵬，舉翅摩蒼穹。窮則為鷦鷯，一枝足自容。」這段話的意思是說：在聲名顯達之時，就該像大鵬鳥一樣，高傲地展翅翱翔於蒼穹的頂端；在生活窮困時，就把自己當成體型嬌小的鷦鷯，只求一根樹枝就足以容身。面對不願意合作的人，就讓他們繼續等，我已讓員工寫好程式，隨時計算我每小時帶來的收入，並讓它繼續水漲船高；隨著我的收入越來越高，我願意提供資源與時間的條件也只會越來越高。

曾經，我不計任何利害得失，無私奉獻社會 10 年以上，然而，不被領情是常態，被恩將仇報更是不計其數。而今我也明白，我也是社會的一分子，我可以愛社會勝過愛我自己！但我也確信，在我更愛自己時，我才能更愛社會；不愛惜自己，就是對自己與身邊親友的生命的極大不負責。

社會是個大染缸，今天善良的人，明天就可能失足。我們只能做好自己，並逐漸更多學會與人同頻連結的技術與藝術。如今善待自己，也是盡己所能地將社會的善資源好生管理的一種方式❸。

我原先不太願意談及我在投資上的專業，是因為我並不公開開課教授投資技術，也沒在替人代操，最多就是教大家一些比較正本清源的風險管理與理財觀念。在既沒打算要教獲利能力太強的技術，也沒打算要在項目上跟人建立合作的情況下，若又展現自己的績效與本事，與師門的教導不符，感覺比較像是吹噓或講廢話。但上天是公平的，當一個人略過自己最專業的領域不講，就會顯得平淡許多，並且給人聽起來感覺像是少了一塊零件，覺得好像這個人還有一些重大的特質沒呈現出來，反而影響信任感，讓讀者難以勾勒出一個人完整的形象。

今天，若我是個缺乏積累又不得信任的作者，那麼我所呈現的內容各位讀者都有理由毫不關心，但顯然我並不想當一個不負責任的撰稿者。所以，今日我之所以會首次這麼正式而大規模地在書中介紹自己，一方面也是為王博士與 David Chin 著想。如果各位覺得筆者有兩下子，那是否能以更審慎的態度，看待這本書所探討的議題呢？

未來人生規劃

隨著一次次面臨財務危機，輕則讓我知道以自己的最高報酬率也無法養家餬口，重則徹底負債；然而我卻仍義無反顧地把資金投入課程，一次次地透過投資報酬率的提升，順利從困境脫身。如今，我擁有的工具、經驗與技術，早已不是初出茅廬時可以相提並論，未來我也會持續教授有關於個人理財、風險管理、決策品質相關的課程。

近日有幸認識一群操盤本事超群，卻與我同頻、樂於對社會做出貢獻的良師益友。未來我們也可望共組金融交易團隊，放眼全球金融市場。自筆者年幼以來，台灣曾數次發下宏願要成為亞太的金融中心；然而在多年過去後，其他的國家與區域反而在此領域的名

聲更加響亮。而今，終於有機會團結眾人之力，將台灣的金融操盤團隊發揚光大，在全球佔有更大的份額。

人會學習、會成長，但卻仍能保有天生的特質與至今的積累。沒有人能在身處「否定自己」的狀態時，又一邊開創未來；只有接受並面對，才能成為現在的自己，心懷感恩。曾經我不愛「市場」，而「市場」卻不曾離棄我，如今回首，唯有心懷感恩地接受。

筆者的公司多年來也協助過許多企業建立大數據資料庫管理系統，同樣地，我們也將這樣的技術運用於金融投資與交易上，未來其中一項計畫，便是將筆者的所學匯流成大數據 AI 系統的學習藍本，使我們的心血精華，能夠永遠存留，並且自行進化。

然而，除非出現能與我同頻，將金融上的才華應用於對社會民生有益之事上的人，我才打算教授他我的金融技術，否則我並不打算外傳。因為我知道金融上的獲利，容易讓人自高自滿，將自己看得比實際上厲害，這也會使未成熟的交易員最終會被自己失控的心緒所吞沒，使生命陷入困境；而能守住獲利能力，卻沒有找到有益於社會的人生目標的交易員，相當可能會失去陷入人生困境而重新省思的機會，從此錯過人生的意義。

之後我的生涯規劃，還會持續地教授「創業、行銷與經營管理」相關的課程，希望我花過幾百萬學費（而且幾乎都不是直接花

學費上一門貴的課，而是透過私人管道取得甚至比正課更有價值的資訊），以及實做過的心得，能夠協助一些與我同頻的人少走些彎路。我的「抖音書」企劃，也是基於這個出發點。

另外，由於我對直銷領域有所認識，最自豪的就是，我也許不算是大的成功人士，卻也能捫心自問，自己從未做過損人利己的事，也沒有背叛過任何人。我曾見證或探究過，無數萬人團隊從零開始打造的歷程，與他們煙消雲散的種種因由。建立萬人團隊只是成功的開始，持續複製並保留萬人團隊才是最終的目的。而我明白這個領域若非過多的「洗腦」資訊，就是過多的「神秘面紗」，讓人真假莫辨。

「最難的不是做不成的事情，而是做了會有些成果，但回過頭來卻永遠發現與最初的目標相去甚遠的事情。」然而全世界開發中與已開發國家大約都有 20~40%的人口從事直銷，我計畫在未來要寫一本名為《讓天下沒有直銷的難民》的書，希望能正本清源地站在客觀的立場解說，協助大家了解一些必須知道的真相，與避開一些不必要的誤區。能夠讓最多人獲益，拿到最高的滿意度、最少的客訴；讓直銷領袖能更深入了解如何與更多人共贏，並且能夠除去時常遇上的一些後患；協助直銷企業建立一套真正能永續進行良性循環的環境。

　　同時，我也特別想做為直銷人與非直銷人之間的橋樑，讓雙方能稍微多了解一些對方的世界，與如何辨別並與對方進行溝通與相互尊重的竅門，特別是希望能夠協助一些因在直銷的觀念上有所不同，而失和的家庭。

　　近期，我也相當感謝我的伯樂——王晴天博士，栽培我成為全球華語魔法講盟最貴公開課程，要價 28 萬台幣，自歐洲代理的「密室逃脫創業培訓系列課程」的講師之一。

　　也感謝 David Chin，讓我在寫這本書的時候，從他身上得到了許多學習的機會。

　　講實在的，自己長年來為著有益於社會而不斷學習，夢想很大，而感覺自己的力量微小。然而親身體驗後就會明白，許多業務人員吹牛不打草稿的程度令人震驚。當我某次陷入財務危機的時候，我身邊的親友都告訴我，那些害我生活陷入困境的騙徒都厚顏無恥地自吹自擂，利用我一心貢獻社會的單純而獅子大開口，而我已經比許多坊間頗有名望的雞鳴狗盜之徒優秀太多，應該多站出來勇敢發聲；應該多信任自己一些，多幫助一個人信任我，就少一個誤信騙徒的受害者。

　　而今，我也衷心感恩這些吃虧、上當、受苦的經歷，這樣的過程讓我多多少少更能感受旁人的艱辛。我也慶幸承受了這一切境遇的我走過來了，因為我確實擔心我所愛的每位親友不見得都能走得過來，也感謝這樣的經歷，讓確信自己初衷的我，相信善良的人更需要勇敢，更需要發聲❹。

　　筆者一生奉行「絕對的效率」，將「珍惜時間」與「追求效率」視為實踐信仰的最重要要素之一❺。藉此書也想加速與已準備好的「善力量」合作，也想豎立起一塊石碑。那些未能與我合作的人，代表我尚未驗證其為「已經準備好的人」。

　　藉著此書，也想廣開與讀者們共贏的大門，若然讀者有想要寫下的經歷與心得，也歡迎與筆者聯繫。也許我們能探討一起為社會建造並保留下您的知識資產的方法。若想得到筆者耗費十餘年光陰、數百萬學費，所積累成的各項學問，也歡迎與筆者探討以協助筆者開課或以顧問形式，甚至以筆者儲訓的工作同仁、未來幹部與接班人形式來進行，更多的共贏提案，都歡迎讀者嘗試提出。

衍廷老師
LINE 帳號
傳送門

　　我知道許多人生涯投資自己的大腦超過百萬、千萬，然而，這些人可能財務狀況原本就不錯，也可能一口氣在幾門高階課程花光所有預算，卻沒有其餘的時間與金錢進行實作、練習。由於筆者目

前的大半生涯還沒有很認真地為自己累積財富，所以許多日子過得其實並不富裕，許多學費往往是間接支付給業界最聲譽卓著的課程，以及善於教導的細節的機構。筆者也透過勤學與實踐，長期關切並協助偶爾出些小狀況的知名團隊，從中交換獲得了許多寶貴，且接近執行與實質面的經驗。

而透過如此管道獲取資訊，並或多或少實踐過自己所投資、所學習的內容的人，除了筆者之外，我相信會遠遠要少得多，此法可稱為「巴菲特法則的投資大腦運用」（在優質企業基本面不變，而偶然遭遇市場非理性拋售時買進）。

不過不論在投資或人生的各個層面，此法就算使用也應當格外當心，一如巴菲特曾云：「我們都曾經以為，我們親吻過的青蛙都會變成王子，然而，青蛙終究是青蛙。」曾經叱吒風雲的知名機構或人士，就像好漢被逼上梁山，是否會性情丕變，沒人能說得準，更何況，要知道一個人原先是否是為「好漢」，其實是個太過複雜的議題。筆者也曾吃過自己協助的對象許多悶虧，就像巴菲特也曾在給股東的信中，一次次地坦承自己多次在航空股決策上的失誤一樣。

事後說著，聽來輕描淡寫，然而自己去學，很昂貴且刻骨銘心，是非善惡最終留給歷史與信仰評判，筆者無心譴責，只是感嘆

人心的脆弱，願「超然的位格」給予世間徬徨的靈魂，更多的憐恤與拯救。話到末了，祝福各位讀者，有更圓滿的心靈與人生。

— 註解 —

❶ CNV 1Co 8:12

❷ CNV Traditional Jos 5:13-14

❸ CUVMP Traditional Pro 11:17

❹ CNV Traditional Mt 5:14 Pr 1:20-21

❺ CNV Traditional Eph 5:16

▲David Chin 於世界八大明師會場授課

　　您想與本書作者——林衍廷、David Chin、王晴天博士面對面互動嗎？

　　現在機會來了！每個月的第一個週五下午 2：30～晚上 8：30 與第二個週五傍晚 5：30～晚上 8：30，David Chin 醫師親臨新北市中和區中山路二段 366 巷 10 號 3 樓中和魔法教室主講：獲得「真健康」與「大財富」的奧秘，由王晴天博士主持，此系列課程全部免費，歡迎大家參與共襄盛舉！

Development
of Super Cell

魔幻般的 DSC Power

內容提供者 David Chin

撰 稿 人 林衍廷

　　雖然David Chin目前已經洗淨鉛華、反璞歸真，然而他為求讓基層大眾生計改善，而在行銷與商業模式上的多年實做與經驗累積，使他成功設計出以「裂變」為基礎的商業與行銷模式。

　　「裂變」二字人人可說，而知道如何實作，又能領會深刻，則非人人可以。此篇主要是給一些對於研究商業模式與行銷感興趣的生意人、供應商或新創業者的交流。

　　「裂變」聽起來很厲害，大家想到的無非是「倍增」或「原子彈」一般的爆發力，然則我們在實際探究「裂變」之前，得先了解坊間所謂的「裂變」其實至少包含了以下幾種不同的內容：

⑴**病毒式**

⑵**核裂變式：原子彈**

⑶**核（融合）聚變式：氫彈**

⑷**量子共振式**

　　以上四種形式的商業與行銷模式的綜合體，本書將之定義為「奈米－」（奈米減，英文可寫為「Nano Minus」）的商業與行銷模式，主要是因為這些經由自然科學帶來的啟發，都是奈米級別以下的尺度。

以下章節「『奈米－』四大商業與行銷模式」，內容稍偏理論，主要是跟讀者們進行交流，幫助有興趣的讀者們能夠用更深入格局來思考。如果一時覺得不好吸收，可以先行跳至「八大裂變模式」瀏覽，該段落則直接講到了實際應用的部分。

一如《舊約聖經》描述古以色列最有智慧的國王所羅門，透過將世間萬物說成比喻、製成歌曲，來闡述他所體會的道理❶，我們同樣也能從這些科學事實得到啟發。在此不會進行太過深入嚴謹的科學探討，僅簡單科普概念後，幫助大家了解這樣的商業與行銷模式究竟能如何運用。受限於內容篇幅，筆者在此僅提出要點，並且提出能啟發大家思考的問題。讀者可以按照自己的需求，決定要花多少時間品味。若有需要更多資訊，亦可另行與筆者聯繫探討。

「奈米－」四大商業與行銷模式

① 病毒式

隨著「新冠肺炎」這個全球性疫情的話題持續發展，普羅大眾普遍都對病毒有了更深入的理解，大家聽過的各種病毒，無非至少包含以下幾種：

⑴ **SARS（嚴重急性呼吸道症候群）**：SARS 爆發於 2003 年，
是一種傳播快速又有較高致死率的病毒。

⑵ **伊波拉（Ebola Virus）**：是一種擁有極高致死率的疾病，同
時也因為帶原者迅速暴斃，而使感染的聚落快速消亡，疫情
最終反而較快能得到控制，至今仍在部分非洲國家肆虐。

⑶ **流感**：致死率較低，但也因此不容易被注意到，也因此容易
廣泛傳播，反而在全球累積出意想不到的死亡人數。

⑷ **新冠肺炎（Coronavirus disease 2019，縮寫：COVID-19）**：
截至目前為止，其傳播能力強於 SARS，但應不強於流感，
致死率則介於流感與 SARS 之間。

我們從以上四種病毒能輕易了解到，在其他條件類似之下，傳
播力與致死率約略呈現反比。

所以病毒式的商業或行銷模式，有別於其他商業與行銷模式的
重點在於「帶原」的觀念——**起初不見得要達到最終結果，而是先
擴散帶原**，而結果可循序漸進，或一次性爆發。

順帶一提，如果對此較沒有感覺的人，建議去玩玩看一款近年
做得還不錯的遊戲 APP「瘟疫公司」。遊戲視角是讓玩家扮演病
毒，讓玩家以對病毒有利、對人類最有害的方式進行突變的思考模

式。這個觀點能幫助我們對最壞的情況有所準備，讓我們的心境更能面對並處理風險，相當符合時下被熱烈探討的「反脆弱」風險管理思維。

《孫子兵法》有云：「知己知彼，百戰不殆。」圍棋界也有句名言：「達到神乎其技的境界，需要兩個天才。」這都反映了站在對立面或對方的角度思考，才能有效自我提升的觀點。雖然我們不鼓勵對立與戰爭，也明白疫情中有許多人過得特別辛苦，但我想說的是，透過這些已經發生的事，人類在歷史上已經付出了無數代價，那麼，是不是該以此為戒，最大化從

延伸閱讀

《圖解孫子兵法》
典藏閣出版
王晴天◎著

事件中習得的知識與經驗，使這些已經發生過的事情更加值得。若然全世界的人們都能寓教於樂，對於病毒更加了解，相信對於疫情輿論的判斷將更加精準，也就能減少人們被不正確資訊所誤導的可能性，進而能做出更正確的選擇。讓您能在全球的疫情風險之下，受到最少的影響，甚至越挫越強、逆勢茁壯。

DSC 遊戲版塊，目前還在持續尋找更多優質的合作供應商，如果您有適當的優質遊戲，也歡迎您與 DSC 進行聯繫。DSC 保留對

供應商的商議與最終決定權,目前暫不開放「對供應
商的商議與最終決定權」與其他合作單位,意者請洽
「衍廷老師的 Line 官方帳號」。

衍廷老師
LINE 帳號
傳送門

關於病毒的流傳與演變,至少能給我們幾大啟發:
⑴**潛伏**
⑵**滲透**
⑶**增生**
⑷**突變**

一個病毒之所以能具備強大的威力,無非至少有以上四點特
色,接下來就讓筆者來詳加解說以上四點特色的概念。

潛伏

如果病毒不能讓普羅大眾或醫療人員誤以為它是無症狀或其
他類似的輕微疾病,它就會容易被察覺,進而被隔離、封阻乃至
於消滅。近期經歷過新冠疫情的讀者,應該對此有所認知。然而
世間有潛藏的殺機,自也有包裝的善意。一個劃時代對大眾有益
的發明,若不適當加以包裝,今日的世代就難以了解,就更難在
當代發揚光大。有句話是這樣說的:「天才的遠見,都會受到殘

酷的抵抗。」也許這句話對了一半，確實沒有不面對反對、排除抵抗就能完成的大事，然而它也鼓勵有識之士，除了具備天才的遠見，最好也能善盡「能力越大，責任越大」的職責，盡可能靈巧而有效地排除不必要誤會產生的抵抗❷。

在此，筆者建議讀者反問自己：**您的事業是否具備讓病毒式行銷的潛伏，常態性地發揮作用的能力呢？**

🚑 滲透

病毒面對國境、山岳江河、海關疫檢，都具備突破的能力。若只有少數突破口，且皆因為重重把關而難以被滲透，疫情就容易被控制。這通常與病毒的傳播方式有關，它潛伏的能力也會影響到滲透的能力，但這觀念描述的重點與潛伏略有不同。

在此，筆者建議讀者反問自己：**您的事業是否具備在遇到關鍵阻礙時，巧妙地加以穿越、滲透的能力呢？**

🚑 增生

病毒的生命週期一般相對短暫，而病毒數量少時，通常產生的威脅有限，但病毒卻有增生的特質，以戰養戰，透過宿主進行增生。在此稍微釐清，一般坊間所謂能「一傳十，十傳百」的裂變式行銷，嚴格說來，應更接近病毒式行銷的概念。也就是當您手中的資源不變時，一傳三與一傳十的傳播「質量」一定是有所

不同的。病毒的傳播是「逐步擴散」，「帶原」乃至於「發動」的「循環」；而裂變的觀念，則是一種在快速一傳三的過程中產生額外核能的效應（後面會有更深入探討）。一如《孫子兵法·作戰》所云：「善用兵者，役不再籍，糧不三載；取用於國，因糧於敵，故軍食可足也。」

在此，筆者建議讀者反問自己：**您的事業是否常態地發揮以戰養戰，越戰越強的機制呢？**連病毒也懂得運用的策略，作為人類，更該好好運用這個策略。除了有菩薩心腸，亦要有雷霆手段，以佛家來說，也可謂「善巧」。

🚑 突變

若病毒永遠不變，則人類終究能找到應對的方法來消滅它；因此，越棘手的病毒，它的突變模式就會越多樣、越劇烈，這是造成疫情控制難度提高的重要因素之一。在事業上，也可以近似理解為「環境適應能力」。

在此，筆者建議讀者反問自己：**您的事業是否宛若「有機體」，能自行適應環境進行突變，達到更永續的成長與茁壯，並減少因特定因素造成覆滅的可能性，具備「反脆弱」與「阿米巴」的特質呢？**

② 核裂變式

核裂變的基礎是高壓高密度的鈾-235，透過高密度的中子，將鈾-235 的原子核一分為二，並釋放出 1~3 個中子，產生鏈狀的連鎖反應。過程中，中子會發生以下三種情況：

(1)沒有擊中鈾-235 的原子核，因此不會產生能量，但運作會持續進行。

(2)以純度上來說，不可避免地，再怎麼純的鈾-235 中，仍會有鈾-238 的存在。而當鈾-238 被中子擊中後，會直接吸收中子而不做任何反應。

(3)當中子擊中鈾-235 後，會出現將之一分為二的情況。

簡單了解之後，我們至少能從此科學現象得到以下幾項啟發：

(1)鈾-238 越少，能量越能持續運作；所以鈾-238 就像會吸走您的事業動能的一切事物。**什麼是您事業中的鈾-238？**

(2)中子無法擊中鈾-235 的情況，會隨著密度提升而得到解決。所以，**您的事業能量將取決於您的中子**（概念上類似於催化劑）**與鈾-235 的密度**（能裂變並釋放出連鎖鏈狀反應的因子）。

(3)鈾-235 哪怕最多只能多產生 1~3 個中子，但只要數量不是

0，鏈狀反應的持續就不致快速力竭；哪怕只有 3 的 N 次方的倍增，迅速的連鎖反應也會產生驚人的能量。**您的事業中，哪些東西具有這樣的特質呢？**

(4)裂變的核心概念在於「一分為二」，且能產生能量的特質。坊間所謂的「裂變」若缺乏了此特質，嚴格來說，性質上會稍微接近於病毒式的概念。而**您的事業，有哪些東西，是如鈾-235 一般，一分為二會產生能量的呢？**

(5)鈾-235 相比於大部分的原子核，是較重的那種，就像較有積累性的資源。**您的事業中，怎樣的資源有這樣的特性呢？**

(6)了解核能科學的人基本上都曉得，發電用或研究用的核反應爐，追求地相對是穩定的反應，而武器用的才是追求能量釋放的速度。武器隨著釋放速度增加，彈頭會隨之被逐漸摧毀，導致密度下降，最終也導致原料不可避免的浪費。您追求的是有如核反應爐的事業？抑或是原子彈般的事業？或者是想減少原料的浪費呢？這三種想法都可能是對的，只是適用於不同的情況下。但重點是，**您能否精準地判讀目前的情況，了解您能使用的工具，並對症下藥地做出精準的處置呢？**

③ 核聚變式（核融合）

　　上述第六問的解答之一，就是目前科學上的核聚變，又稱為「核融合」。最耳熟能詳的案例就是我們俗稱的「氫彈」，其反應速度更快，但其實世界上目前不存在純氫彈，多為氫鈾混合彈。相關類似技術種類繁多，在此不一一細述。簡言之，核融合出越輕的原子核、越高的中子／質子比，效率就會越高；而原子量超過 62 的原子核在融合的情況下，消耗的能量比釋放的更多；而核融合主要需要的條件，除了上述所述外，就是高壓、高密度，以及溫度。

　　現有的氫鈾彈，就是透過核裂變賦予氫核融合的溫度，再透過核融合更高的反應速度，啟動更多的核裂變，甚至是反覆進行這個循環，以求提升效率。

　　核融合具備「解除密度或溫度就能暫停」的特性，相對來說，較容易控制與應用。

　　所以我們至少能得到以下幾種啟發：

⑴輕的原子核，可以理解為不相對不需積累的資源。**您的事業中可有哪種資源具有如此特性？**

⑵**什麼是您的核融合商業模式的溫度？**

⑶您的生意中是如何透過設計，結合裂變與融合，達到相得益彰？

⑷什麼是您事業中的中子／質子比？

⑸您事業的原子量 62 的分界線在哪裡？

④ 量子共振式

「量子共振式」是一門相對來說更複雜的學問，因此我們僅就特性進行探討即可。

「共振」是一種廣泛存在於聲波、光波、電磁波等各種波中的現象。

所以我們至少能得到以下幾點啟發：

⑴頻率相同，就能共振，因此同頻很重要。**什麼是您事業中能喚起共振的頻率？**

⑵萬物都有各自的的頻率，我們不需要知道它在哪裡，因此只要放出適當的頻率，在波的範圍所及之處，就會得到同頻的回應。

⑶波，一如聲波、音樂、和弦一般，條件適當的情況下，便能和諧地互相搭載、對接、整合。

　　舉個大家耳熟能詳的例子。一般大家常聽到的「核磁共振」，是指把某物體放在一個磁場中，之後以電磁波進行照射，藉此改變此物體氫原子的旋轉排列方向，使之共振；由於氫原子的組織排列方向不同，就會產生不同的電磁波訊號，因此在經過電腦處理後，能分析出此物體的原子核位置及種類，進而能據此繪製出物體內部的結構圖像。

　　在能夠「共振」的物件之間，共同的頻率就像它們之間的暗號。筆者的成長過程中，身邊有許多從事半導體業的人，因此以半導體某個年代部分的製程思路進行闡釋，製作的目標是要製成滿佈細緻電路的晶圓。然而以中學實驗課的邏輯去佈設那些精緻複雜的電路是不切實際的，因此，有種更快的方法，就是準備一片能夠成為電路的薄片原料，以及能夠溶解它的物質，然後將不能夠被溶解的塗料，按照電路的設計，印在薄片上，然後再進行溶解，最後再洗去這層不能夠被溶解的塗料，就能比以往所能想像的更快速地完成細緻的電路。

　　當然，現在的技術演進遠不是那麼簡單的概念，然而，對於其他領域的人，對這樣的製程的了解，也能夠在許多事情上得到啟發。

　　⑴我們先透過標定（印上不能被溶解的塗料），而後就以快於尋常的速度，取得細緻的電路（網絡）。

⑵確認網絡形成之後，電流流竄於複雜、細緻的電路就只是一瞬之間。

有了上述觀念，讀者們不難理解：

⑴一如聲波般的波，雖然也有共振，但波速僅限於音速，而光波、電磁波等，則是光速。量子共振要實現的，就是光速級別的共振同頻。

⑵「共振」與「融合」在很多時候是比「裂變」與「病毒式」更加安全、穩定、受控制的力量，然而逐夢需要踏實，即使身在科技日新月異的現代，病毒式與裂變式仍不可偏廢。

因此，我們稱 DSC 具有「八大裂變模式」，但卻其實不僅僅是有「裂變」，而是有多種與「裂變」同級的「奈米－」模式，甚至是更具潛力的「共振融合」。然而，比起「裂變」，這些字眼較鮮為大眾所知，因此以「八大裂變」為題，引導大家循序了解DSC魔幻的「奈米－」商業、行銷模式與思維。

DSC，又可被稱為「共振融合社群」，唯有「共振與融合」才是最終的精髓，大家可以用心慢慢品味。

DSC 八大裂變

為何要強調「裂變」呢？一方面這是大家較容易理解，也較有興趣的思考方向。然而 DSC 很重要的一個使命，就是建構一個理想的生態圈，進而與社會上各種不同類型的參與者創造共贏，並成為供應商與店家的「福音」、消費者與創業者的天堂。

以往許多「分享經濟」的嘗試，雖然大都由已經成為獨角獸，甚至是「10 倍獨角獸」以上的企業所主導，但有詳細鑽研的人，多多少少都能發現，他們的機制通常可以理解為「供」與「需」兩方，而絕大多數的模式在發展了一段時間之後，都面臨了「供需失衡」的問題，使供應方或主要個體戶成為得益者，最終，失去利益空間的一方便會逐漸瓦解退出平台，導致整個體系失去其原本的優勢與作用。

一如絕大部分的 C2C 電商平台，最初上架商品稀少，競爭者少，供應商得到了高頻的曝光與豐厚的利潤空間，然而隨著平台的過度招商行為，造成供應商被迫彼此競價，消費者雖在一時之間得到了更優惠的價碼，但最終卻得面對供應商惡性削價競爭所衍生的品質下降之苦，到了最後，商品也不再那麼實惠，優質品項也不如高峰期一般多元且容易搜尋。

平台的成功需要全方位細緻的設計，以及平台持續富有精益求精的「工匠精神」的優化。一如現在全球人手一隻的智慧型手機，在它約莫於 2007 年推出之時，是當下的一時之選。但如果我們詢問智慧型手機的廠商：「你們覺得最好的智慧型手機是什麼樣的？」他們多半會回答：「下一隻。」（當然，在新品發表時與該品項的銷售高峰期之前，他們會說：「這一隻。」）

DSC平台透過各方專業人士，方方面面的細緻設計，透過720度全方位的「裂變式營銷與商業模式」，終於成為實現上述理想生態圈的加速器。

① 分享形式裂變

DSC 第一大裂變，是「分享形式」的裂變。

分享一旦過於複雜，就很難以「複製」的形式進行傳播。但 DSC 在運用「掃碼」機制達成快速裂變的效果後，便能「一次掃碼，終身綁定」。

「分享」應是全人類最基本的本能，每一個人就像一個輕的原子，DSC分享形式的裂變，將這部分極端的簡化，達到核融合般的反應。

「一次掃碼，終身綁定」的機制，潛移默化地讓大家更加了解

並認同 DSC 的思維，且削減了心理障礙與能力基礎並符合人性化的分享模式。

　　讓「分享」與「傳播好消息」的功德能夠迅速反饋，且即時有感，協助大眾透過這樣機制，養成分享的好習慣，並藉此滿足廣大民眾的生計需求。複雜的演算法創造出簡易的分享行為模式及通路分潤回饋，讓每位大眾都有機會與能力參與其中，並對反饋即時有感，進而促使整個社群的供需流動起來！對市場經濟也將有重大貢獻！

　　「分享量化」，甚至說是「功德量化」，是DSC的一大創舉！

　　透過「溯源軟件」演算法，保障每個人的分享貢獻並將「分享量化」，這是把以前「做功德積福報」的抽象概念轉化成實質回饋！相信這將激發人類分享的天性，最後帶動更強的分享動能。

　　在演算法的引導下，供應商願意讓利，消費者分享有動力，將建立起互惠互利、共享共榮的良性循環，使社群裡每一個角色都能獲益，沒有任何人被欺凌壓榨，只要願意付出一份心力，這份功德終將回到自己身上，「善有善報」不再是無法驗證的口號！

　　這將有助於我們逐漸凝聚社群每一分子的「共識」，達到同頻的境界，進而創建一個美好的生態圈！

以往人們要經營一門生意，就必須先精通該領域的知識，用文字或講解的方式來傳播，並使更多人了解，而 DSC 的經營哲學是將這部分完全簡化，所有的專業解說都交給原本在該領域就是專業的人士，以或文字、或影片、或線下實體課程的方式來進行解說。

因此 DSC 分享形式的裂變，是核融合、量子共振式與病毒式營銷與商業模式絕佳的體現。

② 消費者裂變

DSC 的第二大裂變，是「消費者」的裂變。

消費者能在平台上進行更加划算的消費，並且有多重折扣券活動，而且購買的商品都是市場上不容易看到的優質產品與資訊。

DSC 嚴選控管供應商品質，提供尊榮的禮遇，以及透過儲值 1,000 美金以上就每日發放萬分之五折扣券的方式，引起親友間「好康道相報」的效應，並且只要透過消費替代即可經營百業，符合病毒式行銷潛移默化、循序漸進的風格。

不論是供應商還是廣大的群眾，都能將此分享給親友或消費者，而在此平台中一切對產生消費的貢獻，都會秉持公平正義的原則，透過溯源軟件去中心化的演算進行分配，是以任何人都能藉此經營百業。

在後續的機制更會提到，DSC如何設計商業模式，爆發性地提升消費的質與量。

因此 DSC 消費者裂變，是病毒式、核融合與核裂變模式的絕佳體現。

③ 分享者裂變

DSC 的第三大裂變，是「分享者」的裂變。

透過「消費替代」即可經營百業，並且基於前面分享形式的裂變與消費者裂變的基礎，打造無心理障礙分享的機制。而溯源軟件啟用後沒有時間限制，使用期效直到領完所有最大分潤金額為止，因此分享者能夠以最低成本、最少顧忌進行參與。這也體現了病毒式、核融合式與量子共振式的營銷與商業模式。

DSC 讓分享好東西、「宏揚正法」、「傳播福音」的「功德」得到獎勵與回饋，而這是所有平民老百姓所渴望的。

即時的回饋、獎勵，更能激發出更多的分享動機，有動機才有不斷重複分享的行動力，進而內化成慣性。因眾人慣性所形成的「共振」，將帶動整個生態圈朝良善的頻率發展，若放大到整個人類社會甚至是宇宙的範圍觀察，這正是修行與信仰的一種實踐。

　　曾有人詢問王博士，既然是以文人之姿開創實業，又為何高頻開辦創業與賺錢相關的演說與課程呢？博士引《孟子‧滕文公下》之文字以明志：「予豈好辯哉？予不得以也！」古之聖賢如孟子，都曾為了實踐道統理想而入世沾染世俗紅塵，甚至得到旁人一個「好辯」的「不甚光采」的評價，儘管如此，他仍發「雖千萬人吾往矣」之慨。而博士明白，世間眾生，大多只關心自己每日面對的切身生計議題，唯有循循善誘、循序漸進、潛移默化，方能惠及更多人，使社會風氣更有所提升。

　　有位已故的哲學家曾云：「學習的目的，是為了帶來外顯的改變。」《聖經》中亦描述出知行合一的重要性❸。David Chin 亦曾描述，佛法講求「隨順眾生」，以衝突或逆著眾生萬物的本性，常常反而達不到「善」的本意。

　　在此必須強調，DSC 並非使用傳統所知，直銷、電商、微商或新零售等，需要口才、人脈、財力等資源的模式；而是透過分享，讓我們的「貢獻」自然而然地轉化成財富，既沒有人情的包袱壓力，也沒有「類直銷」模式的尷尬，一切的獎勵都是按照「去中心化智能溯源系統」按貢獻度權重自動分配的。

　　人生在通往至善的道路上，身體力行的實踐，儘管當下我們並

不會完全知道，自己將獲得上蒼獎勵怎樣的「福氣」，但在今世的久遠以後，抑或是來世，則必然收回某種有形無形的福報。

然而DSC的目的，就是透過智能溯源系統，將「酬善」的「天道」體現在今世，並且是加速立即性地得到回饋，讓人人能透過日常的參與來實踐心中的信仰，並藉此對抽象的信仰有更深入地體會，進而達到靈性的提升，這也是 David Chin 創建 DSC 最重要的初衷之一。

我們在第四章談論過在 DSC 透過「折扣券額度」發放給親友邀請註冊，並且在註冊後才正式消耗掉「折扣券額度」的模式。熟悉行銷的朋友們不難理解，以往最方便管理行銷成本的方法之一稱為「CPA」（Cost Per Action），也就是讓消費者進行特定動作所需要花費的行銷成本；而 DSC 是一次掃碼便終身綁定的，因此 DSC 會員的行銷管理模式甚至可以稱為「CPP」（Cost Per Promise），也就是每次消費者或供應商終身承諾，肯定您與他們在 DSC 平台所產生的績效有關，您所花費的行銷成本，堪稱 CPA 行銷管理系列劃時代的最新變革。

因此DSC分享者裂變，絕佳地體現了核裂變與量子共振模式。

DSC
共振融合社群
DRAGON SKY FOUNDATION LTD.

DSC社群
「店家」的福音
「消費者」和「創業者」的天堂

DSC 是最新概念設計的平台！
是為了落實「分享經濟」而生！

幫助「分享者」不開店也能創業！
輕鬆融合各行各業成為你的事業！

幫助「店家」
1、增加本業的客戶流量！
2、輕鬆成為百業的老闆！
讓你的客人增加
還讓你的客人成為終生為你賺錢的貴人！

④ 供應商裂變

DSC 的第四大裂變，是「供應商」裂變。

DSC平台透過各方專業人士進行方方面面的細緻設計，打造最新設計概念的平台，落實、穩定供需雙方永續循環的「分享經濟」，幫助「分享者」不開店也能創業，輕鬆融合各行各業成為你的事業，幫助店家與供應商增加本業的客戶流量，並輕鬆晉級成為百業

的老闆，不僅能增加客戶的流量，還能讓客人成為終生為你賺錢的貴人。

　　世界的趨勢，從平台經濟，發展至分享致富，而 DSC 的品牌精神之一，亦可理解為「Definition of Sharing Circle」，中文來說可以解讀為：「重新定義分享的循環」。也就是運用「共振」與「融合」進行分享經濟的革命，透過強大的策略聯盟「融合」百業，並獨創智能溯源「共振」分潤。

DSC 品牌的核心價值，可以歸納出以下四項：

⑴**跨平台**：跨越平台的分類與限制，讓不同的項目與平台，首度產生有效的合作，提供使用者簡單的單一入口，共享同一社群的流量，一起把消費市場的餅做大！

⑵**跨虛實**：跨越線上與線下的藩籬，整合所有形態的消費管道，讓線上與線下（O2O, Online to Offline）的消費與「智能溯源系統」融為一體，讓消費者、分享者、店家三方互利互惠，共榮共生！

⑶**跨產業**：跨越各行各業，讓「消費者」在不同產業的消費中省錢；讓「分享者」在不同產業的分享中「賺錢」；讓「店家」建立起龐大的消費者分享族群。

⑷**跨國際**：跨越國界、跨越貨幣限制，整合全球各地消費行為，最終將以 DSC 獨創的金流機制，跨越全球人類的消費版圖。

目前 DSC 的佈局已經橫跨全球 16 大領域。

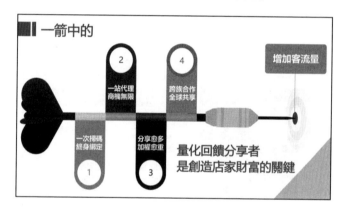

幫助店家與供應商「一箭中的」地增加客流量、創造財富的關鍵，是透過以下四項：

(1)一次掃碼，終身綁定。

(2)一站代理，無限商機。

(3)分享越多，加權越重。

(4)跨族合作，全球共享。

BUSINESS MODEL

商業模式

作為供應商，想參與 DSC 的商業模式，有以下兩種方案，可以擇一，也可以兼得：

A.成為DSC商城店家 700 USDT
讓所有 DSC社群的會員成為你的免費業務，幫你建立龐大的本業收入！

	300 USDT	400 USDT
	品牌曝光 導銷工具 會員訊息推播 ★會員分享店家資訊	★預存廣告預算

量化口碑分享
創造龐大業績

DSC VIP 會員分享你的店家資訊，
幫你導進客源至你的店內消費，
你從「預存廣告預算」分潤給分享者

🚑 方案 A

用 700 美金成為 DSC 商城店家，讓所有的 DSC 社群會員成為您的免費業務，幫您建立起龐大的本業收入。其中的 300 美金是做為品牌曝光、導銷工具與會員訊息推播、會員分享店家資訊等的成本，而 400 美金則是預存的廣告預算，DSC VIP 會員將分享您的店家資訊，幫您導進客源到您的店內消費，而您則從「預

存廣告預算」中分潤給分享者。透過如此的量化口碑分享，進而
創造龐大的業績。

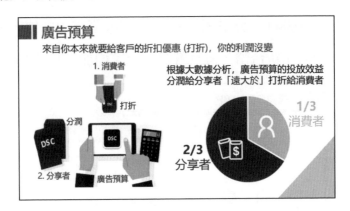

而廣告的預算是來自於您本來就要給客戶的折扣優惠（打折），
因此您的實際利潤其實並沒有減少，反而根據我們的大數據分析，
廣告預算的投放效益，分潤給分享者的部分，「遠大於」打折給消
費者的金額。

我們能稍加試算一下，成為 DSC 的商城店家，會對您的本業
收入產生怎樣的效益。

當 DSC 有 1,000 位分享者，每天為店家帶來 10 位客人，而每位客人消費 100 元新台幣，每月就能為店家增加 30,000 的營業額。而當 DSC 有 10,000 位分享者，每天為店家帶來 100 位客人，而每位客人消費 100 元新台幣，每月就能為店家增加 300,000 的營業額。

方案 B

用 1,000 美金成為 DSC 的 VIP 會員，讓您的客人成為終生為您賺錢的貴人，幫您建立龐大的業外收入！您會得到 1,200 美金的折扣券額度，此為您可以用來綁定客人的廣告費，另外可以得到 3,000 美金的財庫，也就是未來有機會兌現的業外廣告分潤，也就是您能多賺的業外收入。而折扣券額度能夠發放精準廣告，1,200 美金的額度能發放給無限位消費者，在消費者實際綁定之後才扣除額度。此部分第四章與本章前段與第七章都有提及，有需要能翻看該部分詳閱。因此您投入的 1,000 美金，最終將有機會發揮 4,200 美金的效益。

▮DSC VIP 增加業外收入試算

- 每天綁定 10位客人 (3,650人/年)，每位客人每天在DSC平台平均消費NT$100元
  若每筆只為你賺取NT$3元的廣告分潤：
  => 3 元 X 365 天 X 3650人 = 可賺取年度總廣告分潤 約NT$ 400萬 元

- 每月介紹1間店家成為「商城店家」，此店家做跟你相同的事
  1. 第一件相同的事：每日綁定10位客人
     => 此店家可幫你賺取的年度總廣告分潤 約NT$ 200萬 元
  2. 第二件相同的事：每月介紹1間店家成為「商城店家」

你可賺取的「倍增」年度總廣告分潤約 1億5600萬 元

　　我們同樣能試算下，成為DSC的VIP能為您增加的業外收入：

　　如果您每天綁定10位客人，一年就有3,650人，每位客人每天在 DSC 平台平均消費100元新台幣，若每筆只為您賺取3元新台幣的廣告分潤，3元新台幣乘以365天乘以3,650人，意味著年度總計能賺取約400萬元新台幣的廣告分潤。

　　而如果每月介紹一間店家成為商城店家，而此店家做跟您相同的事，也就是：

⑴每天綁定 10 位客人，這部分此店家就能每年幫您賺取 200萬元的廣告分潤。

⑵每月介紹一間店家成為「商城店家」，則您一年可賺取的「倍增」廣告分潤則高達 1 億 5600 萬元。

🚑 方案 A ＋ B

目前同時享有 A 與 B 方案只需要 1,800 美金，如果您是 A 店家，首先，只要您是 DSC 商城店家，所有 DSC 社群會員將有機會成為您的免費業務員，幫您建立龐大的本業收入；其次，當您是 DSC VIP，您有權利綁定您的客人，讓他們成為終生為您賺錢的貴人，幫您建立龐大的業外收入！

也就是當 DSC 會員分享 A 店家的產品或服務，他們就是您的免費業務員，能夠增加您的本業收入。

而當 A 店家的客人去其他 B、C、D 店家消費，則會透過 DSC 幫您帶回 B、C、D 店家的廣告分潤，來增加您的業外收入。

更多最新資訊，請洽書內聯絡方式，或持續關注社群。

⑤ 團隊裂變

DSC 的第五大裂變，是「團隊」的裂變。

　　第九章中，有描寫到 DSC 如何整合團隊、解決社會問題、團隊重生、活力再現的部分。核裂變模式主要強調的是較有積累性的資源與人脈，重質優先、高速鏈狀反應，並且一分為二產生巨大核能的模式。DSC 團隊裂變模式，堪稱為裂變式商業模式中的釜底抽薪之計，此部分需要專章進行說明，我會在第九章作詳細介紹。

　　供應商會因此越來越明白，DSC 為何有源源不絕的優質分享社群，並對此深具信心；而分享者也會越來越清楚，DSC 設計了怎樣的機制，讓您的團隊如何再次進行裂變倍增，並協助未來的新團隊成員解決問題、活力再現、團隊重生，以此完成高質量的鏈狀裂變反應，並產生巨大的核能，使您的團隊擁有源源不絕的能量，與績效的循環裂變爆發。

　　因此我們說，DSC 團隊裂變模式，將核裂變的商業與行銷模式提升到一個新境界。

⑥ 分潤共振

　　DSC 的第六大裂變，是「分潤共振」的模式。

　　DSC 的獎酬過程，捨去了傳統許多人習以為常的％數與各種的行銷制度，讓人們專注於天道，專注於分享，專注於給予，相信類區塊鏈去中心化大數據溯源分潤軟件的運算結果。而一如坊間我們

熟悉的食品溯源系統之類，一旦建立好這個網絡，這網絡中的每個節點都在系統的紀錄之中。

舉一個分潤共振的例子來說，之前第四章時我們有提到如何在 DSC 領錢，並且持續購買溯源軟件「補財庫」的部分，而當消費金額大了，有人開始補財庫之後，補財庫購買溯源軟件產生的消費，也會帶動更大的營業額，如此就產生了量子共振級別的分潤。各位因此也不難想像，為何分潤共振也是量子共振式商業與行銷模式絕佳的體現。

⑦ 流量共振

DSC 的第七大裂變，是「流量共振」的模式。

任何有消費者、有親友，有分享能力的商家或個體戶，原本可能並沒有經營生意，或只經營某一類別的生意，而在加入 DSC 平台後，所有信任您而認同 DSC，並透過 DSC 進行消費的消費者所產生的消費貢獻，都會交由去中心化的溯源軟件按照貢獻度的權重，秉持公平正義的原則加以分配，因此流量的共享與共振，能讓整個社群創造共贏。

先前第五章有提到 Facebook 時代的「六度分隔理論」與抖音時代的「流量共振」，並且第七章將提到行銷與廣告公司如何透過

DSC來擴大營收，而普羅大眾又該如何拉近行銷與廣告公司的營收與自己的關係，相當於不需有行銷與廣告的專業，不需投資此類公司，卻透過 DSC 經營百業的能力，來獲得收益，百業，當然包括行銷與廣告公司。

因此我們說 DSC 流量共振模式，也是病毒式與量子共振式商業與行銷模式絕佳的體現。

⑧▶ 慈善共振

DSC 的第八大裂變，是「慈善共振」的模式。

「慈悲心」是 DSC 創建時的另一個相當重要的元素。你將發現，任何人推動這個社群的過程，就等同於參與了一趟慈善的旅程！

這不是包裝，而是具體的方案，包括基金會、青創育成協會，以及 APP 的整個設計邏輯，環環相扣地創建起一個善的循環，一個充滿愛與智慧的能量場。

創造一個實體的場域，讓身在其中的人們都能夠透過日常參與實踐修行，並體悟這個抽象概念進而達到靈性的提升，這也是David Chin 創建 DSC 最重要的初衷之一！

熱衷於捐獻的人，DSC 對他接受捐款的權重也會提升，一如《聖經》所述，當我們願意給予時，天道就必有給我們的回饋❹。

而這在信仰哲理中，可能是今世的，也可能是來世的；可能是抽象的，也可能是具體的；然而 DSC 將這一切變得看得到、摸得到，將天道體現於今世，從而讓人透過參與 DSC 的過程，就在實踐並體驗天道的信實。

DSC 不只是對陷入困境的人進行捐款，更是透過國際青創育成協會對有志青年進行創業捐款，而這些得到捐款的人會高度地透過「DSC ＋」的模式進行創業，奉獻投入宇宙的能量，重新再次進入 DSC 的循環，持續為社會創造附加價值。

針對有心創業卻沒有啟動資金的朋友，我們會運用善款協助他們擁有溯源軟件進而開啟他們的 DSC 商機。每一筆善心捐款都有對應支持的創業青年，我們深覺得這比直接捐款給弱勢意義更大！此為「給魚不如給釣竿」的概念，不但能顧及受贈者的尊嚴，更能轉化更多積極正面促進經濟繁榮的正能量！

《620 億美元的秘密：巴菲特雪球傳奇全紀錄》
創見出版
王寶玲◎著

一如第二章所述：「一如縱然富有地像股神華倫・巴菲特、世界首富比爾・蓋茲、美國亞馬遜公司創始人傑佛瑞・貝佐斯，若要他們以自身財富救濟世界的貧窮問題，仍無異於緣木求魚、杯水車薪。物

質的缺乏如何補全，尚可計算；人心中的空虛，有可能永遠無法彌補，但是，卻也有可能透過一些巧思，被溫暖的行動所點亮。」

好比華倫・巴菲特的傳記《雪球》一書所述，複利倍增的過程，需要「長長的坡道」與「濕的雪」。在 DSC 之中，「長長的坡道」就像是本著初衷，精心打造，能夠苦盡甘來、倒吃甘蔗、越走越明朗的「DSC 之王道」❺；而「濕的雪」則一如吸引力法則、社群、共振同頻不斷滾動，萬縷千絲的內聚，引爆的一場將天堂的理想帶到今世的洪流。

因此 DSC 慈善共振模式，也為核裂變與量子共振式商業與行銷模式的絕佳體現。

最後，要提到 DSC 博大精深，全部內涵實在難為一本書所容納，就算有人寫得出來，那又有多少人能讀完、吸收完呢？但願本書成為您認識 DSC 的一個開始、一把鑰匙。

俗話是這樣說的：「能告訴你的都不是真正的秘密。」但每個著書或授課的人，基本上都真心地希望徹底傳達知識給讀者。然而一樣米養百樣人，魔鬼藏在細節裡，每個人原先認知的世界各有不同，沒有任何一個作者或講師能只透過幾個簡單的過程，就把自己

所有的知識交給所有的讀者或聽眾。

　　所以，如果希望了解更多，並更多體驗到DSC所帶來的好處，最好的方式，就是熱愛 DSC，並多投入、多交流。DSC 的前輩們知道能夠怎麼協助晚加入的您，這也許不是什麼秘密，但卻是人生在心靈上與成就上得以更加暢行無阻，最重要關鍵之一。

■—— **註解** ——■

❶ CNV Traditional 1Kin 4:32-33
❷ CNV Traditional Mat 10:16
❸ CNV Traditional Jas 2:17-18
❹ CNV Traditional Luk 6:38
❺ CNV Traditional Pro 4:18

▲歡迎掃碼加入 DSC 生態圈

Chapter

7

我是這麼開始了 DSC 生活

內容提供者 David Chin

撰 稿 人 林衍廷

圖片編排 黃葵昇

　　筆者就這樣開始了 DSC 生活，就像我們使用過的各種軟體一樣，說來也不是那麼難。若有遇到任何問題，都歡迎透過書中的聯繫方式協助處理！接下來，讓我們一起來看一遍流程吧！

我一生的承諾（註冊）

① 步驟 1：掃碼

　　掃描右側 QR Code 開啟註冊連結。（推薦使用瀏覽器開啟）

註冊傳送門

② 步驟 2：註冊

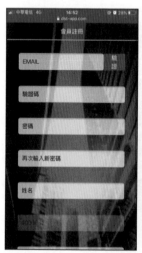
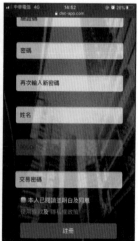

▲會員註冊畫面

(1)**步驟 2-1**：輸入 E-mail，點「驗證」，到信箱取得驗證碼。
　郵件標題為「DSC-驗證碼」。驗證信收到的速度其實還蠻
　快的，選個可靠常用的 E-mail（筆者是用了 G-mail）。如果
　沒收到驗證碼，請至垃圾信箱察看是否被擋信。

(2)**步驟 2-2**：輸入信箱收到的驗證碼。

(3)**步驟 2-3**：設定密碼。

(4)**步驟 2-4**：填寫姓名。

(5)**步驟 2-5**：會員編號系統會自動生成，不須填寫。

(6)**步驟 2-6**：設定交易密碼，這個密碼不可與密碼相同。筆者
　通常會自己多複製幾份交易密碼，妥善收藏在隱密又好記的
　地方，好習慣平日就要養成！

(7)**步驟 2-7**：點擊「註冊」按鈕。

③ 步驟 3：下載並安裝

在筆者寫稿的當下，DSC 的安卓版已經正式上線了，iOS 版正在審核中，很快 iOS 版本的朋友們也有得用了，真的等不及的話，就先找台安卓嘗鮮吧！

④ 步驟 4：開啟 APP 並登入

在手機桌面上找到 DSC 的圖案（如右圖），並按下開啟，很快就可以看到下方的開啟介面。

▲DSC 手機桌面圖示

　　按下「登入」後，便需要輸入剛才申請的帳號與密碼，之後按「登入」按鈕。之後點擊右下角「我的」，便可看到剛才輸入的資訊，表示註冊登入成功。

　　DSC的註冊與登入就這麼簡單！介面可以算是相當易懂及友善。

夫妻倆的精打細算（儲值）

　　在 DSC 平台該如何進行付款與儲值呢？在筆者跟太太討論後，覺得先充值個 1,000 美金吧！畢竟一年還有 18.25% 的折扣券可以領呢！雖然介面簡明，上手總也是要時間，我這人就是喜歡邊學習也邊有得賺，追求絕對效率。

下面就是教怎麼儲值的部分了，如果暫時不想學的話，就用書中的聯繫方式找我們協助處理吧！雖然為了照顧比較熱愛學習，或是需要有資料對照操作操作的讀者，筆者在這個段落會寫得較為詳細，但實際上操作並沒有想像中困難。

①▶ 購買 USDT

　　若您選用的是第三方 OTC，也會有專人協助辦理，如果剛好常用合作金庫銀行的話甚至還能省手續費。MAX 算是筆者常用的平台，可以選擇用自己的銀行進行約定轉帳，就比較安全，遠東商銀似乎目前有手續費減免。BitoPro也是個蠻有名的平台，不過註冊驗證跟MAX一樣都需要些時間，但這是為了安全著想，不過

當一整群親友中先有一、兩個人會用，久而久之，所有人就漸漸地都會上手了，因此也不用過於擔心。

　　要註冊 MAX 交易所，可以透過掃這個碼取得連結，之後筆者也會多錄點教學影片給大家看，請多利用通訊軟體與社群聯絡喔！

這是很常見的註冊流程，雖然操作過程會感覺驗證頻率比較高，不過這也顯示出平台的嚴謹，筆者其實還蠻喜歡的，以後如果有發現其他好用的平台，也會透過社群更新資訊喔！

E-mail驗證，安全機制要做好，才能使用完整的功能，因為嚴謹，所以安心。

啟用連結的時間只有 10 分鐘，別錯過啟用連結的時間囉！

啟用登入連結後,畫面如下圖。

Good,完成等級一,這就好像打怪練功升級一樣。

各種進階功能就以後逐步摸索,或者直接在社群發問,期待更完整的教學吧!

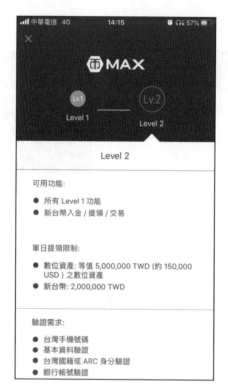

　　我們需要升級到「等級二」，才方便日常使用。綁定手機號碼後，手持證件及一張寫著「限 MAX 交易所驗證使用」的白紙，拍一張照片上傳。

　　這裡的重點是，照片上證件的字一定要看得很清楚，拍完照之後記得再次確認。這部分我覺得，或許以後可以辦個現場預約包套辦理模式，有意願的讀者可以與我們聯繫，若需求量大，我們便會進行考慮。

② 充值 USDT

記得要認明 ERC20 的充值 QR Code，「充值地址」筆者習慣點擊「複製」，保存在慣用的資料庫中。

③ 內部轉帳

　　DSC 平台也能讓會員將充值的金額與折扣券轉帳給認識的朋友，輸入時記得要小心確認一下，就像銀行轉帳一樣，需要仔細確認，以免發生轉帳錯誤的憾事。

④ 交易紀錄

　　交易紀錄也一應俱全，清清楚楚的。

⑤ 提取 USDT

上傳手持身分證的自拍照，並進行實名認證之後，就能提領儲值的金額，可以選擇存於線下或線上規格許可的電子錢包，或是透過交易所，提領成現款。

這部分不熟悉的話，可以請懂得的人代為處理，或是以書中所載的方式進行聯繫我們。

到此，金流部分，就都搞定了，其實比我想得還簡單，即使講得這麼詳細還是一下就講完了。

聽說這個旅遊很划算（旅遊）

旅遊區塊的部分，筆者寫這段時正值 2020 年 8 月，新冠肺炎在全球越演越烈之際。讀者們如果想出門旅遊，務必尊重、聽取專家學者的意見與政府頒佈的政策。不過就算值此時機，亦可以好好了解 DSC 相當具有優勢的旅遊服務，即使還不能正式出遊也能望梅止渴、過過乾癮，把以後要去玩的地方先計劃一遍，熟悉了 DSC 之後，等到疫情穩定、旅遊解禁，就是大玩特玩的時刻了！

DSC 也相當注重會員的健康，特別標註出當地的旅遊警示。當疫情稍微緩解時，我們可以考慮去疫情特別稀少的區域旅遊、放放風，藉此紓解苦悶的心情。

　　出遊時記得留意衛生習慣，並且只分享給最珍惜的親友就好了，一來不熟的朋友這時也不見得想聽從我們的意見出遊，二來難得有適合旅遊的地方，筆者個人也是有點私心，不想人滿為患呢！

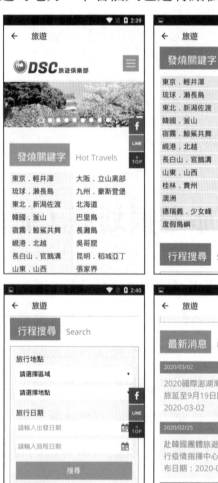

　　迅速解決了之前的註冊步驟後，立刻就能翻到連王博士都讚不絕口的旅遊區塊，全球各式各樣的地點都有，有自由行、機票、旅店、跟團、郵輪假期，還有量身訂做的專屬行程，而全球地接這種提供交通工具接駁的項目也有，也說是一應俱全。還記得之前筆者認識位朋友正打算環遊世界，這簡直就是為他設計的！

① 保證出團

保證出團的行程應有盡有，好些也是聽人說過挺好玩的地方，行程內容解說詳盡，看著賞心悅目。

② 國際機票（獵票系統）

　　這是傳說中 DSC 旅遊最強大的獵票系統，不論是傳統或廉價的航空都有，愛旅遊的朋友們，看得肯定眼睛發亮。

③ 全球訂房

「全球訂房系統」是直接跟國際知名平台 Expedia 對接，DSC 旅遊真是一站搞定所有需求。

④ 團體行程

各個國家的旅遊代表照片拍得真的相當漂亮，版面設計也挺美觀的，時不時拿出來看看都挺療癒的，讀者就慢慢選吧！

❺ 量身訂做

　　還有為企業量身訂做的旅遊行程，真是老闆與家族出遊省荷包

的福音！

⑥ 全球地接

⑦ 台灣──司馬庫斯

195

司馬庫斯部落一隅

司馬庫斯教會

司馬庫斯咖啡屋

早上集合出發，搭乘專車北上新竹。
首先抵達【天然谷溫泉餐廳休閒農場】（天然谷SPA卷（）），天然谷溫泉可說是尖石鄉最大的驕傲，其前身為鱒魚養殖場，因為石油抽檢才發現這裡藏有罕見的溫泉水質，而且出水量相當豐富，因此決定將此處建造為天然谷溫泉。天然谷溫泉四周擁有美麗的山林景色，側邊還有一座森林休閒步道，讓前來這裡的遊客不但可以享受最舒適的溫泉池，還可以沿著溪邊的步道遊逛，欣賞這一處的美麗山色風光。
【尖石地標-尖石岩】尖石鄉係本縣兩個山地鄉之一，從內灣上行，經舊檢查哨進本鄉，村東北約三百公尺處有一座海拔1124公尺之尖峭尖石山，山麓有一尖石岩轟立於那羅、嘉樂兩溪流之中，高約100公尺，巨石上端有一顆百齡松柏常年青翠，形態雄偉、氣魄萬千，雖久經風霜烈日暴雨侵蝕，依然聳立

197

螢幕一

如故，象徵原住民勇敢忠義、不屈不撓、愈挫愈奮之精神，尖石因此而得名。相傳這塊「尖石」已逾萬年，岩下溪水潺潺，溪中大石累累唯此巖獨秀屹立。泰雅族人相信這是神明的化身，於是在岩石前建了一座小廟，立有尖石爺的石碑供人膜拜。

【青蛙石】由尖石往宇老途中，於溪谷可見一形似青蛙的青蛙石聳立溪中，公路旁可見刻有「青蛙石」三個大字的圓石。青蛙石面朝山頭蹲踞於溪谷中，有一雙突出的大眼睛。

【宇老景觀台】位於海拔1450公尺高的宇老，是尖石鄉前、後山地區的分界；也是雲線的分界點，在宇老派出所的兩側築有觀景台，可分別盡覽前後山的景緻。

【秀巒軍艦岩】距秀巒部落約三百

行程簡介　費用說明　注意事項　旅遊資訊

螢幕二

公尺，巨岩佇立大漢溪谷，儼如威武雄壯的軍艦鳴笛緩緩駛入港口，從部落前往軍艦岩溪谷，途中烏轉鴛啼，登山吊橋可清楚看到軍艦岩全貌及河谷景色。

【泰崗部落】司馬庫斯與鎮西堡分界點，開使深刻體驗最精典的司馬庫斯16K終極道路（內含：各式髮夾彎、懸崖、峭壁...，等鬼斧神工的天然景觀，幸運還可看到超棒雲海哦！）

【坦克金溪（司馬庫斯大橋）】聳立在高山中的雄偉紅橋，讓您深刻感受先人辛苦建築的血與汗。上帝的部落-司馬庫斯：司馬庫斯素有「黑色部落」之稱，位處台灣東北角的雲霧盛行帶地區，海拔約1600公尺上下，部落附近雖已開發，但距離兩小時腳程的地區就是原始林，更是檜木的故鄉。

行程簡介　費用說明　注意事項　旅遊資訊

螢幕三

司馬庫斯地名的由來，為了紀念一名為馬庫斯（Mangus）的祖先，司馬庫斯（Smangus）則是對於這位祖先的尊稱。根據1996年林務局公布的十大神木排行，第二名和第三名的神木都位於司馬庫斯的神木區。這兩棵司馬庫斯的神木都屬於紅檜，第二名的神木周長20.5公尺，第三名的神木周長19.7公尺...保持最純真的自然風光。安排【司馬庫斯部落】巡禮。晚上入住【恩典山莊】。今夜星空多燦爛～品嚐小米酒、談天說地話家常～用宵夜點心。山區住宿品質一般，因山區建設不易，請多多包涵，享受大自然！

 早餐：X
午餐：黃金鱒魚午餐

行程簡介　費用說明　注意事項　旅遊資訊

螢幕四

晚餐：司馬庫斯晚餐

司馬庫斯-恩典山莊

Day 2　飯店 / 享用早餐 / 司馬庫斯神木群 / 攀龍吊橋 / 內灣老街 / 返回溫暖可愛的家

行程簡介　費用說明　注意事項　旅遊資訊

這裡面的價格都還挺親民的，推薦讀者多多使用喔！

⑧ 報名流程

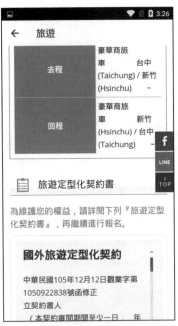

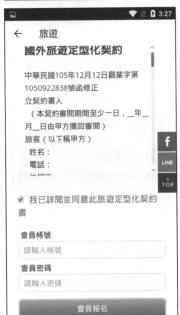

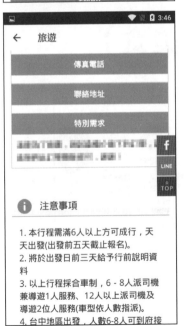

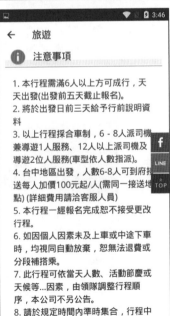

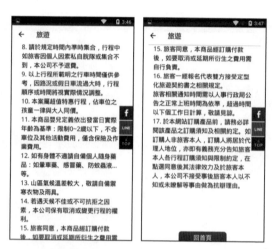

其中也有「定型化契約」的內容，以及購買前的注意事項等貼心小提醒，記得詳閱喔！

民以食為天（美食）

在美食區塊可以看見「DSC聯名卡」，這張卡的外觀看起來相當美觀，先買張準備下次跟家人出去吃飯用，配合廠商也相當多，王品、古拉爵、小蒙牛……應有盡有！

好東西跟好朋友分享（推廣）

有關推廣部分，好東西當然要跟好朋友分享，買個溯源軟件，就能贈送點數給親友們當作禮物了。

1️⃣ 激活 VIP

點擊螢幕右下角「激活 VIP」（見右圖），之後輸入購買的溯源軟件序號，以及你的交易密碼，勾選「同意」後，按下「確認」即可開通。

▲激活 VIP 圖示

此外，若購買久仰大名的溯源軟件，透過已經購買過的朋友協助，也許還可以得到不定期的優惠。而且，本書最後一章有提到一個 DSC 結合慈善與商業創新的「釜底抽薪，活力重現」大計畫，消息公佈後已有許多人加入我們的行列。因此，如果讀者的親友們中有人符合「活力重現」計畫的條件，便可以享有更多優惠喔！過程中有任何不清楚的都可以透過書中的聯繫方式，來尋求協助。

開通後，系統會需要安裝額外的商業套件。

安裝完成後需重新啟動 APP，如果系統沒幫你重啟，則需手動關閉 APP 後重啟。

激活成功後，會看到財庫、VIP 等級、折扣券額度等數據。

② 分享 QR Code 連結

在「我的」頁面，找到「邀請好友」的圖示（見

右圖），就可以設定此邀請連結贈送的折扣券。設

定好之後，按下「產生連結」，就會自動生成 QR

Code，之後再按下「立即邀請」，就能把邀請連結複製到剪貼簿囉！

邀請好友

▲邀請好友圖示

到這裡就能決定要送多少折扣券給親友，邀請他們加入了。

是不是很簡單呢？

學著理財也還不錯（理財）

關於理財的版塊，筆者對投資理財一直都還蠻有興趣的，這款凌波微步軟件，主打連「小學生也能知道怎麼使用」的便利性，讓大家學習如何開始賺 5~8 兆的全球外匯市場財。

前些年，有爆出一些「假外匯經紀商，真詐財」的新聞，而近幾年台灣也改革開放了個人的外匯交易，特別是一些大型有品牌的經紀商也提供了這樣的服務，比起以往多年前只能找國外經紀商，近年更是便捷許多，筆者自己開的就是國內的大型經紀商帳戶，小心駛得萬年船。

　　不知如何使用都可以與 DSC 聯繫，或是也能加入筆者同好們的群組，大家一起研究。投資理財這玩意兒，說難不難，說細節的話，可說的部分也相當可觀，主要是如何找到自己適合的方式，調適正確的心態與觀念，特別適合在優質的社群中切磋。

　　不過話說回來，每個人的學習速度確實也不大一樣，筆者有一項正在研究的理財方式，有機會像儲值每日領折扣券一般，在學習過程中有機會創造獲利，目前還在與 DSC 洽談中，敬請期待。

　　現在來談「凌波微步」這款軟件，首次安裝當月需支付 200 美金，續租的話則是每月 100 美金，可以先買來使用看看，開個模擬帳戶；當使用順手了，再真金白銀地操作。

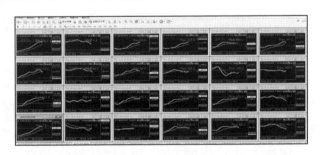

　　「凌波微步」筆者也使用過，覺得挺有趣的，跟大家分享下心得。總之，一次設定好 MT4 之後，選了約二十幾個貨幣對，選擇了「M30」的時框與「水上漂」的指標，就會在兩條線交叉時，發出「作多」或「放空」的「訊號」。訊號也可以設定同步發送到手

機的 MT4，或是發 E-mail 提醒，當有提示的時候，就按照以下的順序來操作：

⑴選到「H4」的時框，確認與大趨勢是否一致，一致再做；不一致的話，有興趣就自己觀察研究，沒空就放著不需理會。

⑵如果與大趨勢一致的話，選回「M30」的時框，將指標換到「凌波微步」，先確認最上面格子的圖，兩條線是否有交叉。

⑶右側圖片中的下半部兩格圖，就是所謂的「迷蹤步」，藍色（淺色）是「作多訊號」，紅色（深色）是「放空訊號」，三格圖的顏色都一致，才符合進場的第三個條件。

⑷接著，看中間格子的圖，這一波行情之前，反方向的那波是否有超過兩條紫色橫線，有超過就稱為「大山」，就可以操作。

⑸進場的時候，中間格子的圖最好是跨過中軸的第 4~6 條線以內。

⑹最後，最上面格子的圖有兩條橫線，很像「牆壁」，我們希望行情前進的方向最好離牆壁遠一點。

符合這麼多條件才能進場，因此其實進場的頻率並不高，但最

重要的是獲利穩健，並且能逐步養成看盤的習慣與基本功底，MT4還能設定將「訊號」發送到手機中，這樣操作就會更方便。

筆者在玩的時候，通常會用Excel作一張表格，列上所有貨幣對，每天一次，先寫上所有貨幣對「H4」時框的趨勢是向上還是向下，並且觀察是否有反方向的「大山」。若是跟趨勢方向不同或沒有大山的「訊號」，我就自動忽略；之後若有看到跟方向相同的，就照上述的步驟進行操作。大家能玩玩看，社群中也有好些人在玩，可以一起分享、交流心得。DSC也會不定期開放試用，意者請聯繫衍廷老師。

衍廷老師
LINE 帳號
傳送門

接下來，筆者特別分享更多有關「凌波微步」的使用心得，方便大家進行了解，並且更快上手。

像我一開始以為，圖 1 中間格子的圖中間偏左處，紅線（深色）有碰到橫向的紫線，應該就可以進場作空。可是仔細看一下喔，我們重新回顧一下過程：

⑴看交叉，最上面格子的黃線由下而上穿過藍線，由紅轉藍（由深轉淺）。

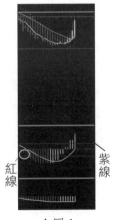

紅線

紫線

▲圖 1

⑵再看中間格子的迷蹤步，交叉前面是否有「大山」，一定要有大山，而且突破 0 軸（紫色中間）。

⑶然後在藍色（淺色）訊號的第 3~5 根進場 buy。

⑷當然還要看最下面格子的迷蹤步，此刻最右邊的柱狀圖是不是藍色（淺色）訊號。

符合了以上四個條件，在這部分就算過關，能夠下單了！最好還要注意前面提到的 H4 時框的趨勢是否符合，以及最上方格子的圖，是否快要撞上藍或紅的橫線。如果快要撞上了，就盡可能不要往那個方向做，這樣勝率才會高喔！

開始交易頻率不高沒關係，績效穩定是最重要的。一開始，筆者一天都會收到好幾次手機傳來的下單提示，但仔細一看，其實都不符合所有的進場條件；然後我就做了一張表格，記錄我每次收到的訊號以及當下的判斷，久了就知道能忽略哪些訊號。透過這個過程，也會逐漸一邊培養看盤的感覺一邊獲利，並提高看盤效率。如果對於使用上有不熟悉，或是不知道怎麼設定的，也都能透過聯繫方式詢問喔。

像是圖 2 中間格子的山不夠大，沒有超過紫色的橫線，要交叉的前一波必須出現大山才行。

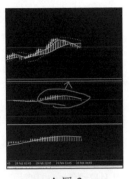

▲圖 2

如果是在圖 3 鉛直線的時間點，能看到最上方格子的圖剛交叉。然後看中間格子，前面要有大山（這次沒有），並且向下突破 0 軸的第 3~5 根以內，確定條件都符合，然後再看最下面格子。最下面格子的圖也要是紅色（深色）訊號，才算確定要下跌。

▲圖 3

如果是在圖 4 鉛直線的時間點看到剛交叉，會先看中間格子的圖，這次在交叉前有大山，向上突破 0 軸的第三到第五根，確定條件都符合，然後再看最下面格子。最下面格子的圖也要是藍色（淺色）訊號，才能進場 buy，這次則沒有。

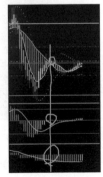

▲圖 4

圖 5 中，中間格子的圖已經向下穿越 0 軸太久了，就不適合再 Sell 了，而且已經到牆壁外了，勝率不會那麼高。

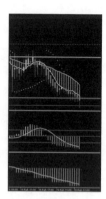

▲圖 5

像圖 6，因為已經符合「大山」，下一次就容易出現對的訊號可以進場。

像圖 7 最上面格子的訊號，就已經超出牆壁了，並且中間格子轉向大於 0 軸，已經是第 6 根訊號，於第 3~5 進場的勝率會比較高。

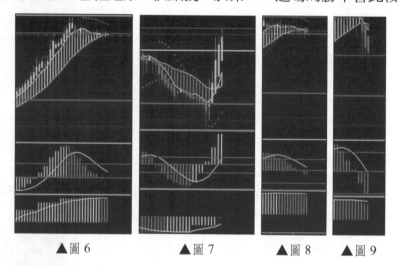

▲圖 6　　　　　▲圖 7　　　　　▲圖 8　　　　　▲圖 9

從圖 8 到圖 9 的局部來看，可以 Sell；但從整體來說，其實可以觀察更長時間的走勢。如果像圖 10，前面有出現類似的圖，卻只跌了 50 點就反彈，那反而可以考慮在跌完反彈的時候再 buy。

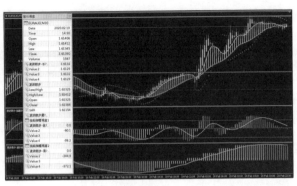

▲圖 10

　　更進階，切小時框找進場點的方法，可以以後再一起研究探討。凌波微步的研發團隊，也在持續提升優化此系統，敬請期待。

好學與研究精神（教育）

墨子是春秋時期崇沿恢復堯舜大同之治的傑出代表，為推動春秋戰國時的統一而創立了墨家。墨家廣泛團結社會各個階層的人士，尤其是成為當時社會下層民眾的代表，眾多小手工業者和商人都成為墨家弟子。墨子他既是傑出的哲學家、邏輯學家、政治家、軍事家、自然科學家和俠士，同時又是非常優秀的商人。

墨子主張以兼愛、非攻、尚賢、尚同、節用、節葬、非命、非樂的實際行動，實現大同的夢想。準確地表達了當時商人階層同時也是各歷史時期決大部分階層的政治呼聲。戰國時期，墨家思想同儒家思想並稱顯學，無論從思想深度上還是時代的影響力上二者都旗鼓相當，而墨家思想區別於儒家思想的最顯著的特點是它的平民性。

墨子思想的偉大意義已經被人類忽視了2000餘年,作為現代墨者,我們有責任讓全世界認識墨子,接受墨子,以加入現代墨者的行列為榮,不僅要抱持跨學科探索和理論創新的嚴謹治學精神,還要有著革命的激情和實踐的勇氣,將墨家思想廣泛應用於工商業之中，讓「墨商」成為商人的典範。

聲。戰國時期，墨家思想同儒家思想並稱顯學，無論從思想深度上還是時代的影響力上二者都旗鼓相當，而墨家思想區別於儒家思想的最顯著的特點是它的平民性。

墨子思想的偉大意義已經被人類忽視了2000餘年,作為現代墨者,我們有責任讓全世界認識墨子,接受墨子,以加入現代墨者的行列為榮,不僅要抱持跨學科探索和理論創新的嚴謹治學精神,還要有著革命的激情和實踐的勇氣,將墨家思想廣泛應用於工商業之中，讓「墨商」成為商人的典範。

相關講座「善墨商學院」LINE@ 掃描 LINE@ QR Code 或 點擊 https://lin.ee/q1HkUtL 獲取最新講座與課程資訊。

　　教育區塊，善墨商學院提供了許多講座與課程。筆者著書之前幾個月，也剛好讀過《墨子》一遍，覺得深具內涵，相當有趣，很是喜歡。

善墨
商學院
傳送門

　　補教的相關資訊也應有盡有，大家就照自己的需要取用吧！

　　未來還有許多適合 DSC 會員學習傳播與分享資訊，建立自媒體的課程也許即將上架，比如像是「抖音」之類的，敬請期待！

DSC_Service
傳送門

　　希望各位讀者朋友們能夠多多使用以上 QR Code，包含供應商的說明課程與公益講座，以及各式各樣的講座主題與時間，都會透

過善墨商學院的 Line@ 進行公佈，大家趕快掃碼使用吧！

從沒想過擁有這家診所（健康）

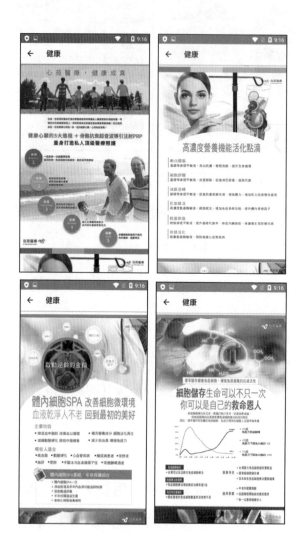

　　健康區塊，分成兩個標籤——「心苑診所」與「回春家族」。「心苑診所」的標籤內是醫療相關的品項，因為要遵守法律，不在 APP 內陳列套組，而由現場的醫師協助評估適合的方案。這下就算面對的是高消費的政商名流們，也有見面禮能分享給他們了！而透

過「回春家族」裡的 LINE@連結，能看到各種跟抗衰老有關的解決方案，因此就更能了解其中奧秘。

筆者認為，某種程度上來說，健康上的大部分問題，也能理解為身上的某部分老了，因此平時對於「抗衰老」議題多些了解，並不吃虧。

原來廣告商離我這麼近（廣告）

廣告區塊，這部分的頁面尚未更新，不過 DSC 社群中的成員由於其中有不少是生意人、店家與供應商，自然就有了宣傳與廣告的需求。這部分歡迎更多的行銷老師、行銷公司一同參與。

試想，今天我們一般人或許不容易經營行銷或廣告公司；然而，我們卻有可能因為替 DSC 引進了行銷與廣告公司的貢獻，而獲得DSC的獎勵。原來，經營百業透過DSC，可以是如此的容易。

不如讓家人來這買（商城）

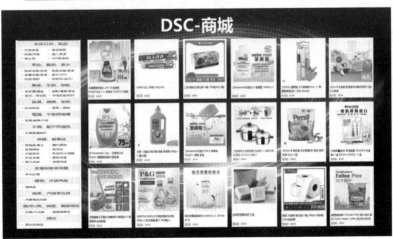

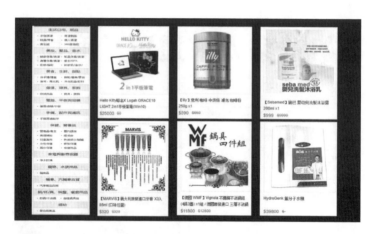

商城區塊，筆者在撰寫本書時，商城還未正式上線，不過預先聽說裡面有超級好用又價格實惠的飛騰家電，早已將訊息昭告親友，每期都有限量促銷的活動，大家就各憑本事比手快吧！

其實還有個「隱藏版」的划算購買的方式：魔法講盟區塊鏈證照班的落地應用之一「魔法幣」在此平台上有最高級別的合作優惠，能以「一折起」的價格購買商品，意者請聯繫筆者，暗號為「魔法」，就可以搶先知道這個好康喔！

您想與本書作者——林衍廷、David Chin、王晴天博士面對面互動嗎？

現在機會來了！每個月的第一個週五下午 2：30～晚上 8：30 與第二個週五傍晚 5：30～晚上 8：30，David Chin 醫師親臨新北市中和區中山路二段 366 巷 10 號 3 樓中和魔法教室主講：獲得「真健康」與「大財富」的奧秘，由王晴天博士主持，此系列課程全部免費，歡迎大家參與共襄盛舉！

把這份情傳下去（慈善）

　　慈善區塊，這裡國際青創育成協會也提供了對弱勢團體與有志青年的捐款連結，如果您覺得「給予」會讓您的人生感到更「充實」，那就敬請多加善用這個區塊吧！

精益求精的未來發展（彩蛋）

除了上述已經上路的功能之外，DSC也持續精益求精，以下的區塊也持續在發展之中。

比如說，各種難以分類的商品與服務會放在「彩蛋」區塊，供使用者與會員們挖寶，以後還要開放的區塊還有：心靈雞湯、智慧農業、藝術文化、遊戲、貿易、直播等區塊。

也就是說，這本書與 DSC 都還持續在發展之中，更多最新資訊，請多加利用各種聯繫方式與社群接收。

▲左起為本書作者林衍廷、David Chin
及王晴天博士於世界八大明師會場合影

Chapter

8

DSC 與我們的故事

撰 稿 人 Hydra Kane、Lynn、羅德、
林暄珍 ZOE、李清淇、林衍廷

本章收錄了多位來自不同行業，比讀者更早與 DSC 有所接觸的社群夥伴們，他們對於認識 DSC 之後，有怎樣的體驗心得，以及以「先驅者」的身分想對讀者們說的話，都列在其中。希望透過這個過程，能讓讀者們更有效地感受到 DSC 帶來的新世界。

資訊服務公司技術長　**Hydra Kane**

大家好！過去 10 年來我從事的是資訊工程相關的工作。我一直熱愛的工作方式，就是協助人們運用程式節省作業時間，提升工作效率。每當看到人們繁瑣而重複的工作，透過我寫的程式得到解放，心中就會湧起無限滿足感，目前主要為年淨利千萬台幣以上的公司處理資料庫系統、機器人流程自動化程式（RPA, Robotic Process Automation）。

然而程式的寫作，並不像業外人士想得那麼輕鬆，需要深刻地了解各行各業的客戶需求、思考更好的程式邏輯、不斷地修正程式的 BUG，還有每次系統版本升級需要進行的維護，除此之外也有硬體的維護要考量。

我很感謝能認識本書的作者——David Chin 總裁與衍廷老師。衍廷老師曾以一句「**被動收入的真相，就是你背後有多少自動自發**

解決問題的人」點醒了我，不論如何巧奪天工的程式，離程式 AI 能夠完全進行自我維護與升級的普及，都還是有相當程度的距離，以往我太專注於做好事情本身，卻對「人」的價值反而沒給予應有的重視，這是相當可惜的。

因此，我開始更常去關心周遭的人、事、物，以及生活，目前也正在跟衍廷老師洽談日後有關流程自動化程式課程的合作，期待有朝一日，這樣的內容也能有機會陳列於 DSC 社群，幫助更多的人，能將重複的事情交給機器與程式，而將生活品質與「人情的溫度」還給我們和我們的家人。

我很認同 David Chin 總裁，從心出發的「初衷力」。一如我的初衷，是將「**重複的事情交給機器與程式，而將生活的品質與『人情的溫度』還給我們和我們的家人**」。我們要的是結果，過程中只要合情、合理、合法，則不拘於使用何種形式，畢竟，每個人適合的形式有所不同。

我相信 DSC 系統是人們藉以豐富生活的重要工具，是對「初衷」信仰的堅持並偉大的實踐與示範。

DSC 社群上充滿各種豐富的優質生活相關產品與服務，瀏覽並挑選下一個體驗的目標，變成了生活上的一種樂趣。彷彿喚醒了身為美術老師的母親多年來埋在我心中，要認真品味生活的教誨。母

親生性浪漫，喜愛過自由自在的生活，雖然有時候會擔心她是否沒在考量預算，但在我看到 DSC 時，就覺得這實在太適合我們母子了。母親能用更實惠的價碼去體驗更豐富的生活，不論是美食還是旅遊。我們一家還有熱愛分享的家風，不僅彼此能有更多共通的話題，也有更多好東西能分享給親友。

長年來，我一直覺得世界上應該要有更多人認識衍廷老師，必能創造更多雙贏，有益於彼此，並增進社會福祉。

由於我過去的工作背景，對於資訊技術較為熟稔，衍廷老師平日有關技術操作相關的問題，基本上都由我代為處理，若在 DSC 使用上的技術或操作出現相關問題，可以跟我一同探討，有任何需要協助或其他相關的合作提案，也能透過我聯繫衍廷老師，可望加快得到老師的回覆，我的 LINE 請見右圖。

Hydra Kane
LINE 帳號
傳送門

祝福各位，在 DSC 元年，大吉大利，心想事成。

衍廷老師
補充站

　　Hydra Kane 協助過多家業界頂尖的行銷公司與大數據公司建置與維護資料庫系統，都為年淨利千萬以上的公司，他更與我合作多年，歡迎大家多多支持喔！

點讀教材製作達人　Lynn

大家好！我過去是個全職家庭主婦，從小就立志要全程陪伴自己的孩子成長。在真正成為母親後，有時難免會發現，孩子的精力旺盛，實在不是大人能夠比得上的，除了讓孩子參加共學、與朋友一同出門遊玩之外，我總想找些方式能無時無刻滿足孩子旺盛的學習欲。

後來我發現了各式點讀教材，能夠更好地滿足孩子的學習需求，也在大人們都累癱的時候，使孩子仍然有我為他準備的點讀教材可以玩，自此開始了我埋頭研究並製作點讀教材的旅程。

久而久之，越做越有興趣，當身邊的朋友們看到了我的孩子使用的教材時，很多都向我表示願意出工本費與工資，請我在替自己的孩子製作教材時，一併給他們的孩子做一份；同樣也有好些好學的媽媽，願意出學費跟我學習製作點讀教材的技術，自此我在陪伴孩子成長之餘，也開創了屬於我自己的小小事業，就像大部分女孩子，從小有著自己作門小生意的夢想那樣。

但我一直以來都不算能言善道，以前也沒有做生意的經驗，不論是教學還是研究如何建立商業模式、管理時間、控管生產流程等

等，都曾經讓我很頭大，因此我很感謝認識了本書的作者David Chin總裁與衍廷老師，他們給了我很多啟發。

DSC的優質社群，開拓了我的眼界，讓我作為家庭主婦，有了更多的消費選擇，還能透過折扣券的優惠，精打細算地給孩子更多、更好的資源。我一直也很熱愛旅遊與美食，DSC旅遊內各式各樣的漂亮照片、詳盡的介紹文字，以及美食卡中各種優惠的餐廳，都讓我感受到自己和家庭其實能夠有更好的生活。身邊也有許多跟我同樣熱愛旅遊與美食的家人朋友，不趕緊分享給他們使用，都感覺心裡過意不去。

目前我跟衍廷老師合作製作點讀教材課程，販售我已經製作過的點讀教材商品，並協助製作一些知名幼教品牌的相關商品。很期待有一天我的課程與作品，也能正式上架在 DSC 平台上分享給更多的朋友；也期待能透過 DSC 這個優質社群，認識更多的幼教老師、幼教書籍或品牌相關的廠商，能夠協助天下的爸媽跟孩子，都有更豐富的生活。

對點讀教材有興趣的朋友，或您是從事的是與幼教相關的老師或廠商，有合作提案，都相當歡迎透過這個 LINE 聯繫我。

Lynn
LINE 帳號
傳送門

由於衍廷老師平日有許多案子在處理，而我跟衍

廷老師有長期的合作，在「開始您的 DSC 生活上」有任何需要協助或其他相關的合作提案，也都能透過我來聯繫衍廷老師，可望加快得到老師的回覆，祝天下的爸媽跟孩子，以及 DSC 社群的所有夥伴們，都有更美好的人生。

　　Lynn 與筆者認識多年，性格直爽，熱心公益，歡迎大家多多支持喔！

《投資完賺金律》作者　羅德

學會投資理財，邁向財富自由之路！

不知道會不會有人跟我有一樣的疑惑呢？人的一生為什麼需要學會投資理財呢？這答案要先從我們生活所需的開銷說起。

想想在食衣住行育樂上通通都是由錢堆疊出來的世界，有些人可能會說談錢太傷感情，但實際上現實生活是殘酷的，真的努力精算後，會發現我們每月賺來的錢都只能剛好打平開銷，甚至還可能面臨薪水不夠花的窘境！

延伸閱讀

《投資完賺金律：
套利&投資的關鍵》
創見文化出版
羅德◎著

光是在吃的這部分一天就要花費超過200 元（早餐、中餐、晚餐），再加上每月的房租將去掉薪水的1/4，還有交通費上機車的加油錢、購買一些新衣服的費用，以及保險費等，算算一個月的開銷大約就落在 2 萬 7 左右了，真的是一個靠薪水吃不飽也餓不死的年代呀！

　　當每月的薪水都剛好抵掉開銷，實際上根本也存不了什麼錢，這對於還有就學貸款壓力的人應該就更有感了。難道這輩子努力工作這麼辛苦，不想買輛車來犒賞自己嗎？但買車容易養車難呀！之後又將面臨龐大的保養費用以及每年的汽車稅金……難道我不想買間屬於自己的小窩嗎？難道我不想結婚生子嗎？父母年老了誰能照顧呢？我的薪水足夠養活我的父母嗎？這些壓力都在在打擊著年輕人的夢想，使得大多年輕人只想活在當下，不敢談什麼遠大志向及未來。

　　於是我們只能更加努力地工作，利用下班後的時間身兼數職，到處賺取額外收入，就是希望趁著年輕、還有體力時多賺點收入。但這樣的生活我們是否有仔細想過，就在我們正努力賺錢打拼之時，一旦面臨生病感冒或出了點小意外，導致我們工作上的行為停止，這些收入也都將歸零！無論是做小生意，還是專業人員（如律師、醫師、工程師等），只要是靠自己賺錢的，都會面臨這些問題。除了我們無法工作就沒有收入以外，還必須付出龐大的醫療費用，真的是上天給了我們開了個玩笑呀……

　　但我們也不需要太過於悲觀，我們僅需要學會富人的投資理財方式就可以了。有錢人之所以越來越有錢，是因為他們懂得善用工具，就是讓「錢」來替他們工作，只有用錢賺錢的速度才能達到真

正財富自由。

　　想想，假使投資一個金融商品年利率 12%，以投資 100 萬為例，等於每個月收入 1 萬塊的利息，那麼投資 300 萬呢？是的！也就是等於每個月你將擁有 3 萬元的利息收入，有沒有發現財富自其實就是那麼簡單。每月的保險費、生活開銷費、子女教育費、父母的老年津貼，全部都由利息買單，是不是神奇呢？有錢人所有的開銷既然都是免費的，那麼所賺的錢就能再次投入能產生利息的管道，讓每月的利息變得越來越多，此時每月的利息收入甚至可達到 10 萬以上都是有可能的。現在知道為何有錢人總是越來越有錢，沒錢的人總是抱怨錢不夠花了吧！！

　　那麼，好的投資項目是什麼呢？在追求獲利之前，我們得先看懂「風險」會比較恰當。羅德篩選投資項目時必須符合三大項：

　　⑴是透明的資訊，公開獲利來源（詐騙絕對不可能公開透明）。

　　⑵公司合法落地（資金盤決對不可能受監管）。

　　⑶也不會是多層次人拉人的傳銷公司。

　　先弄清楚投資到底是什麼，可別以為自己在投資，其實卻是在投機呢！！！只要看懂操盤手他們買什麼股票，做合約跟單就可以了。保本保息的合約，讓我

羅德老師
投資懶人包
傳送門

們這些投資人更安心，且每月報酬更能多達 8%以上呢！！這樣是不是很棒呢？可別被低利率給教育習慣了，羅德挑選出來的懶人包就是那麼簡單，如果對投資有興趣的，都歡迎來參與我篩選出來的高報酬投資項目唷！

但在參與之前，還是必須先來個免責聲明：本人非基金發行機構，更不是投資基金等公司代理商，僅是推薦個人覺得不錯的商品來做分享，投資前還是需要理性看待，並做好資產配置及風險管控。

衍廷老師補充站

　　羅德兄目前也在進行「魔法幣」專書的寫作，亦是魔法講盟旗下「數字中國」計畫的負責人，相信他的課程與項目，也很快在 DSC 平台上出現，歡迎大家多多支持喔！

世界華人八大明師　林暄珍ZOE

暄珍老師
DSC
傳送門

我是林暄珍老師（ZOE）。

我在電子商務的領域裡已經深入6年了，這6年內我從一開始對電子商務完全沒概念，到現在已經成功打造年營收破千萬的電子商務王國！然而成功並非偶然，感謝一路上支持我、協助我、教導我的每個朋友與貴人，還有一起努力的團隊與自己的堅持與熱誠，也希望能把自己的所知所學透過教學來協助想提升自己的朋友們，我的專業與品牌課程是實戰與有效的，相信能給你不少的收穫！歡迎關注「魔法電子商務培訓平台」！

講師:林暄珍
全球華語魔法講盟 BU講師
全球華語魔法講盟 主持人培訓班講師
全球華語魔法講盟講座 主持人
珍昕國際企業有限公司 執行長

衍廷老師
補充站

　　暄珍老師處世務實，談吐得宜，儀態大方，待人親切，很推薦大家可以多多認識與關注喔！

清淇國際有限公司負責人　李清淇

大家好！我是李清淇，我是清淇國際有限公司負責人。我司跨界整合從事的產業領域相當廣泛，專營屋頂防水、外牆防水、壁癌處理、灌注止漏、鋼筋外露、結構補強。關於房屋結構或漏水的問題，北北基桃宜都可找清淇到府免費估價喔！防水修繕找清淇，安心居住沒問題！

有需電商／平面／網頁／動畫／遊戲設計／影片後製／中文校稿等服務，也歡迎找清淇；另外，也有服務辦理人脈、創業、行銷培訓等課程。

特愛學習的我，能跟成功者學習，擴展眼界，很榮幸能成為全球華語魔法講盟股份有限公司董事長王晴天博士的弟子，並經晴天老師提攜為魔法講盟（台灣最大、最專業的開放式培訓機構）專案推廣部部長。

魔法講盟專辦開放式多元化課程：Business & You（一日齊心論劍班、二日成功激勵班、三日快樂創業班、四日 OPM 眾籌談判班、五日市場 ing 行銷專班，

威樺老師
《營銷魔法學》
傳送門

1+2+3+4+5 共 15 日完整課程，整合成功激勵學與落地實戰派，借力高端人脈建構自己的魚池！）、WWDB642、區塊鏈國際認證講師班、密室逃脫創業秘訓、魔法講堂、講師培訓、區塊鏈課程、激勵課程、抖音課程、管理課程、行銷課程、創業課程、出書出版班、主持人培訓班、眾籌班、世界級公眾演說班，及定期舉辦以「創業、行銷、投資」為內容核心的知識型大型講座、高峰會。

延伸閱讀

《社群營銷的魔法》
集夢坊出版
陳威樺◎著

　　這次能與幾位老師共同著作，分享所學，盡點心力。在此與讀者們大力推薦陳威樺老師，在商業培訓、社群營銷深耕多年，以最實務落地的實作經驗分享，勢必讀者能獲益良多，更上層樓！

　　想讓威樺老師當你的行銷顧問，網路行銷系統指導，手把手地帶領你打造個人品牌，幫助你用最低的成本開發最大的市場，歡迎報名實戰性有結果的社群營銷、網路行銷課程《營銷魔法學》。

　　在此也分享王晴天老師力推的DSC《共振融合社群——夢想實踐家社群》，此平台是讓虛擬貨幣受災戶有所解套，也是幫大家高

效賺錢的工具。心動不如馬上行動,趕緊註冊會員吧!在這個網購時代,如何才能購物省錢的同時又能掙錢,千萬別錯過好平台、好系統、好商機,詳情歡迎詳閱本書,相信能開拓你的視野新觀點。

DSC 註冊
傳送門

網路時代消費者購買的行為過程:注意→興趣→欲望→搜尋→記憶→行動→分享。

至於企業該如何持續創新,也與以下四項有關:

⑴賦能式管理。

⑵將消費者準確定位。

⑶適應當下經濟發展形勢。

⑷站在消費者的角度思考問題。

要懂得洞悉顧客期望背後的「真正需求」。營收與獲利增加的關鍵在「客戶滿意度」。為了讓所有行銷操作都能可視化,許多資訊和檔案都得「數據化」,才能清楚地得知「顧客支持與否」,進而歸納出具體的數據。

想要贏得顧客支持,也有小技巧──站在顧客的立場思考,進行許可式行銷,並透過雙向互動式的溝通,對顧客做最合適的行銷操作,依照顧客的需求,提供合適的資訊或商品,做好最正確妥善

的「供應鏈管理」。提升顧客滿意度，有助於「好口碑」的傳播。

　　行銷的本質，在於透過自家的商品、服務來造福社會，社會評價與顧客意見，也是行銷相對重要的一環。

　　至於該如何建立深植人心的品牌？其實也有五大要點：

(1)**產品定位**：企業面臨最大的問題是以自己的角度來銷售商品，但真正重要的其實是「受眾認知」。想做出差異化定位，就要知己知彼，瞭解用戶、獨特思考自己優勢、確定目標，才能創新脫穎而出。

(2)**抓住消費者心理**：在這劇烈變革、求新求變、轉型的時期，要搶佔用戶心智，就必須懂得濃縮品類、佔據特性、聚集業務、創新品類。

(3)**通路選擇**：廣告投放如何選擇及優化呢？依照不同預算擬訂不同投放策略，利用大數據在不同分眾通路進行精準投放，以及互動行銷。

(4)**引爆社群**：就消費者來說，接受資訊的方式可分為「主動式」與「被動式」。「主動」就是資訊模式中的主動傳播，「被動」則是生活空間裡的被動接觸，利用社交媒體做能量，生活媒體做銷量。

(5)**廣告SOP**：簡單說出差異化，好廣告語的差異賣點在於「簡

潔、品牌露出、多用俗語、戲劇化表達、新聞陳述、提問式廣告」。

另外，當客戶對文案內容有興趣時，在瀏覽過程中，客戶的內心往往會浮現六種問題類型：

(1) What（這是什麼？）

(2) Who（誰在講？）

(3) Why（我需要嗎？／為什麼該買？）

(4) How（如何購買？／多少錢？）

(5) How much、When & Where（何時何地？）

(6) Evaluation（有效嗎？／有用嗎？）

唯有目標客戶精準，文案才能精準鎖定。所有「商品廣告」表現都須以「概念」來溝通與聚焦。所謂的「概念」，就是廣告要說的第一句陳述，可以是用來做產品特點或利益的形容，是下主標的起點，是發揮創意視覺的切入關鍵點，可採用「影音行銷、圖像表現與文字訴求」。

「好標題」有三元素——關聯性、創新性、獨特性。標語若能打中關鍵，解決消費者問題，就很容易造成流行。

　　標語有情境，能引發共鳴，顧客就會買單。「情境設想」也是標語能否被傳誦的一個關鍵，好的品牌口號，自己會說話。標語有新奇感，以故事型、比喻型手法，掌握「時事、趨勢、流行」，造好的關鍵字，人們自動會幫你傳出去。

　　品牌定位的三層思維：「產品」是一切的基礎、「顧客」是為王、「口碑」是擴散。用戶認知是企業的終極戰場，以「產品、通路、定位」三大浪潮為王，品牌是一切戰略的核心。

　　故事行銷四大好處：提高顧客興趣、讓顧客留下記憶、觸動顧客感情、凸顯商品獨特性。文案必須滿足消費者的三大希望——解決問題、滿足需求，以及符合期待——才能打動消費者的心。

　　行銷的 PDCA：

(1)**Plan（計畫）**：以顧客的立場，擬訂商品規格與假設溝通方式。

(2) **Do（執行）**：透過各種媒體，傳播商品規格與商品在生活中的使用範例。

(3) **Check（驗證）**：檢核指標檢討執行成效，包括營收和獲利、目標和客群是否已購買、購買後的口碑如何、媒體運用

是否有效。

(4) **Action（改善）**：思考改善重點，調整商品包裝、檢討銷售
通路、評估宣傳媒體、檢視宣傳時段、在自家企業的社群媒
體上多發聲。

行銷是戰略、推銷是戰術、項目是戰役、話術是戰技。行銷越
強，推銷越不重要！

行銷 1.0 以「產品」為核心，行銷 2.0 是以「顧客」為核心，
行銷 3.0 改以「溝通」為核心，行銷 4.0 則以「感情」和「心靈」
為核心。目的都是為了讓品牌自然融入消費者的心中，形成腦內
GPS。以往創意、溝通傳播、行銷等是幾個獨立的概念，現在則走
向一體化，以互動共鳴產生內化的效果。

社群的營銷模式，往往是：流量・價值・信任・成交・裂變・
需求；所有競爭的核心在於消費者心智，讓消費者愛上你、相信
你，才是未來變現的關鍵。

「魔法講盟」BU 行銷專班會教你行銷三大體系：菲力浦・科
特勒的 NP 系統，傑・亞伯拉罕的行銷擴增系統，以及 WWDB642
的高收入行銷系統。

　　BU 行銷專班也將詳細教授「接、建、初、追、轉」五大銷售步驟，揭露行銷的秘密！保證讓你絕對成交！

　　現在是個「人人都能發聲」的自媒體時代，企業如果想要生存並突破發展困境，用最少的資源達到最大的收益，就必須要學會一種能力，叫做以「課」導「客」！

　　利用課程，來帶動客人上門，這些來上課的學生，即將是你「未來的客戶、為你轉介紹客戶、成為你的員工、投資人、供應商、合作夥伴」，最好的方式是「一對多銷講」一次達成。

　　你找到你的人生教練了嗎？如果還沒有，歡迎你加入我們魔法講盟，我們提供培訓、舞台、平台讓你成為下一個魔法見證。

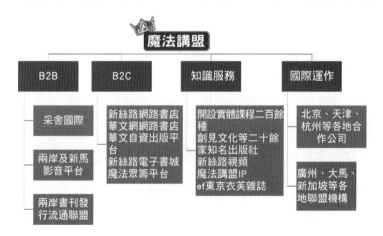

　　開放式的教育培訓，「以課導客」，掌握個人及企業優勢，整合資源、打造利基，創造高倍數財富！

喜歡資源整合、分享互助、人脈交流的你，歡迎加入 LINE 群。LINE 群將提供最新資訊、行銷脈動；強強聯盟合作，共創多贏未來！

聯盟行銷
資源整合
LINE 群
傳送門

清淇國際有限公司
李清淇 +886 966 863 204
LINE ID：0966863204
WeChat ID：liqingqi1255
統編：83483002
傳真：02-29355188
Email：gs.job268@gmail.com
屋頂防水　外牆防水　壁癌處理
灌注止漏　鋼筋外露　結構補強
防水修繕找清淇　安心居住沒問題

清淇老師
小檔案

電話：(+886)966-863-204

LINE ID：0966863204

WeChat ID：liqingqi1255

Facebook 網址：https://www.facebook.com/lichilife/about

YouTube 頻道：http://bit.ly/38LAPch

DSC 帳號：https://bit.ly/2Vjvhki

（DSC推薦碼：0000663，虛擬貨幣受災戶的高效賺錢工具。）

天美仕帳號：https://bit.ly/2WWmE14

（推薦編號：510238，加入送幣。）

東森網帳號：https://bit.ly/30SeQjf

（推薦代碼：Y1jE0t3d，邀請加入實習店主，一起賺 PV 獎金。）

Chapter

9

絕密之章：
浴火重生的鳳凰

內容提供者 David Chin

撰 稿 人 林衍廷

　　前面我們談及、論述了許多議題，包括 David Chin 的成長背景、初衷，以及 DSC 究竟是什麼？它究竟會帶給世界什麼幫助？還有它的商業模式。

　　然而，David Chin 發下的善願，一如燎原之火一般，那份推動歷史的巨輪、為世界留下更多「善資產」的「野心」，永不止息。

　　David Chin 有一個心願，一如他曾經把心一橫，為著與許多雖然平凡，但擁有夢想、肯努力、渴望改變，且相信能透過分享正能量、教育與培訓等方式，促進世界更多「善循環」的夥伴，一同努力，而放下作為醫界精英的自豪，從事組織行銷一般。

　　有充分商業閱歷的人多半都曉得，組織行銷之所以為人所詬病，無非是因為它總是「畫著永遠吃不到的大餅」、總是「用許多似是而非或相當偏頗的觀念，把洗腦當培訓」、總是「公司短視近利，開了太多支票，又不打算兌現，甚至打從一開始就打算騙財後跑路，稍微負責任的公司，則乾脆宣布倒閉清算」，這些都使「組織行銷」成為「後金補前金」、「拉人頭」的「龐式騙局」。

　　一如那些從未以偏見看待有色人種的白人後裔，至今承受著 18 世紀以前的「白人種族歧視的歷史罪名」一般，「組織行銷」一詞也在某些人的心中，概括承受了上個世紀以來的「龐式騙局歷史罪名」。

　　而過去數年之間，在全世界的範圍中，這樣的「龐式騙局」層出不窮，而多半包裝成當時風頭浪尖上的熱門話題──「區塊鏈」。

　　沒有吃過虧的人也許只是簡單地認為：「只有利益薰心的人才會上當。」然而事情卻沒有那麼簡單。「趨吉」無疑是人的本能，但多數人也都有「避凶」的本能。大多數吃虧上當的人，都沒有那麼傻，甚至聰明絕頂。有時反倒越是聰明的人，一旦其運思過程被居心回測的人摸出端倪，往往是特別危險的。

　　甚至有部日本知名著作，就是在探討「詐欺過程中，人是如何一步步無可挽回地陷入圈套的必然」的議題。肉眼所見的未必為真，對於嫻熟的騙徒來說，絕對做得到讓「假的看起來比真的還真」；而未經訓練、木訥老實的人，卻可能面臨「傾心吐露，卻看起來比假的還要假」的窘境。

　　世界總是紛紛擾擾，只有不曾靠近險地的人，才會天真地以為「換作是我，才不會那麼傻」。然而，這些人卻往往正冒著在自己的人生棋局上被社會上競爭對手蠶食鯨吞的風險。一如略通棋藝或有充分商場閱歷的人大多知道，「不作為」的人往往比「敢冒險」的人，承擔更大的危險。

有位大陸網紅曾說：「每個人起心動念都是善良的，但最後為何會變得『拒人於千里之外』？都是因為上過的當，受過的騙，走過的『套路』，太多太多了！」

一如在「人生大染缸」中，修行者純粹的熱情，也可能在試探中墮入魔道。然而在旅程中備受挫折，最終萬劫不復、永難翻身的人，都是在他「放棄了自己，不再敞開自己與人同頻，也不再相信能與人共贏」的時候發生。

文已至此，若您對以上所述的內容不太有感受，您至少有兩種選項。其一，當作後續的內容暫時與您無關。其二，繼續看下去，當個親眼見證「徘徊於『修羅之境』的人們是如何的得到了『救贖』」的見證人。

許多知情人士，想起 2018 年以來，彷若遍地開花、連鎖引爆的「加密貨幣資金盤詐騙」，心中一如電影情節，彷若二次大戰那讓眾人家園滿目瘡痍的連綿戰火。心中是淚、是痛，抑或者是恨。也許是怨天，也許是尤人，但心中共同的問句多是：「為什麼？」而共同的旁白多是：「這事怎麼會發生？」

　　不是趨勢，就不會被借題發揮；不是名牌，就沒有人要偽託仿造。近年來的「龐式騙局」之所以受災者眾多，其實是基於許多身陷其中的人明白，加密貨幣的核心技術——「區塊鏈」的初衷，是一個「提

▲虛擬貨幣示意圖，由 pexels@davidmcbee 提供

升效率、解決信任問題的共識機制」。然而，道高一尺，魔高一丈，嫻熟於詐術的有心人士，準備以「區塊鏈」為幌子，吸引大眾注意、放鬆大眾警戒，開始在「區塊鏈」以外的相關週邊，大展其精雕細琢的邪惡騙術。

　　這些年來，許多人投資了好些加密貨幣資金盤，最後因幣價破發暴跌或無法換回現金，導致不僅錢財上血本無歸，甚至連精神上都遭受嚴重的打擊。

　　也有好些人犯下無心之過，介紹親友投資，事後不僅自己成為苦主，更多了幾分無法挽回的內疚與信用名譽的損失，進而衍生出許多社會問題，很多人的人生從此陷入愁雲慘霧之中。

　　2018 年起的「區塊鏈」之亂，就這樣被埋在「深深淚水」與「萬家哀號」之中。其中，卻也有些默默付出的無名英雄，披星戴月、馬不停蹄，專心致志地做些力所能及的事，以求力挽狂瀾，扶大廈於將傾。

到了 2019 年 12 月 10 日，DSC 系統首次發表的那個夜晚，DSC 與國際青創育成協會，歷經一年以上時間，挖空心思，團結各方，終於為這樣的社會問題提出了解答。

國際青創育成協會
International Youth Entrepreneurship Incubation Association
DRAGON SKY FOUNDATION LTD.
VAST LUCK GROUP HOLDINGS LTD.
▲ DSC & 國際青創育成協會

DSC 希望帶給滿懷熱情分享，卻誤信資金盤，或是信任親友卻遭逢橫禍的社會大眾，一次浴火重生的機會。

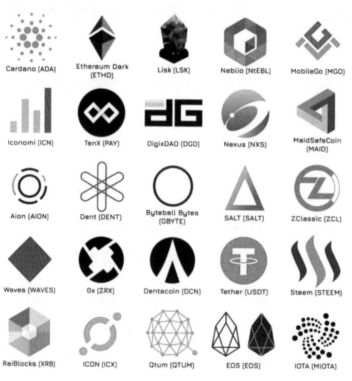

▲虛擬貨幣示意圖，由 dreamstime@apoevav_info 提供

　　比如說以太付，發行的時候是 1 塊美金，後來漲到 6 塊美金，但如今卻仍遲遲無法換回現金，但是在 DSC 這裡，DSC 讓你用 6 美金換成折扣券。其他發行時是 1 塊美金，但後來破發跌到沒價值了的虛擬貨幣，只要沒有特殊不合理的理由，DSC 一律讓你用 1 美金換成折扣券。

　　我們已經敲定兌換比例的幣別如下，其他種類的虛擬貨幣請聯絡 DSC 平台，我們會經過合理的評估，再決定兌換的條件。

項目	每單位兌換DSC折扣卷數量
Q點	1
NinePay	1
IPay	1
FVI EP	6
MBI通證	1
FO幣	50

▲破發幣兌換折扣卷比例表

　　在此必須特別強調，DSC 從受災戶手中取得的幣是無法換回現金的，否則大家也早就想辦法換回現金了。這純粹是一項讓利與慈善的方案，我們的初衷就是解決社會問題，朝困境中的人伸出友善之手，讓更多對 DSC 精神深有體會的人，加入 DSC 大家庭。

所以如果我們身邊有因過去的幣災而生活陷入愁雲慘霧的親友，便能將這個訊息告訴他們，給予他們一次重獲新生的機會。

再次強調，DSC絕非資金盤，沒有不勞而獲；而是基於區塊鏈大數據去中心化演算法的分潤系統。

不是傳統固定%數，後金補前金的投機；而是如健保一般，權重計算的機制。

扣除供應商與平台的成本，其餘的利潤回饋按貢獻度的權重，分給對於產生消費有貢獻的人。

保證每筆分潤，都有對應的利潤，保證發得出來。

此計畫目前在 DSC 內的正式名稱為「活力再現」，讀者或身邊的親友有需要的話，都可以透過書中的聯繫方式，聯繫 DSC 相關人士，尋求協助。

　　值得一提的是，在眾多的空氣幣之外，與 DSC 長期有所合作的全台最大開放性培訓機構，準獨角獸「全球華語魔法講盟」，因為開設落地的「區塊鏈證照班」並在此領域長期耕耘，而成為各大企業爭相開價投資卻不得其門而入的熱門「區塊鏈」概念企業。

　　而區塊鏈證照班的其中一項落地應用——「魔法幣」近日即將上市。「魔法幣」在 DSC 平台上，有別於各種空氣幣，是受禮譽為最高規格的區塊鏈合作項目，持「魔法幣」能在 DSC 平台上以「一折起」的價碼進行消費。「魔法幣」還有一大特點，就是能夠透過目前全球第二有價值的加密貨幣「以太坊」進行購買，而購買魔法幣所使用的以太坊，會撥出一半均等分配給已經持有魔法幣的支持者。

　　因此，此情報已經在行家的圈子中逐漸傳開。一個消費、投資兩相宜的「區塊鏈」落地應用，由文人創業的全台最權威區塊鏈應用培訓機構「全球華語魔法講盟」企劃，將區塊鏈與普羅大眾的生活連結，邁向新的境界。

　　中國大陸已將區塊鏈視為國家戰略，若非趨勢，就不會有「借勢而起、借題發揮」的亂象。而一如巴菲特的名言「潮水退去，便知誰在裸泳」，人心的險惡與騙術已為人所知，當泡沫與恐慌過去之後，往往就是下個黃金十年。

Development
of Super Cell

魔法講盟施下的
Magic Power

魔法講盟的緣起

感於一個觀念，可改變一個人的命運，一個點子，可創造一家企業前景。「魔法講盟」這個源起於 2018 年的台灣培訓品牌，是由兩岸出版界巨擘王晴天博士率領王道培訓弟子群所創建的品牌。當初有感於目前許多培訓公司都有開設一門「公眾演說」課程，而最初的王道培訓也有這個課程，但結訓的學員不約而同面臨一個問題——不論你多會講、拿到再好的名次或再高的分數，結業後都必須自己尋找舞台、自己招生。招生跟上台演說是兩碼子不相干的技術領域，培訓開課其實最難的事就是招生，要找幾十個或上百個學員到你指定的時間、規定的地點聽你講數個小時，這件事情是非常非常難的，就算課程免費也一樣。

有鑒於此，王董事長遂於 2018 年率領弟子群著手架構一個包含大、中、小各型舞台的培訓機構，讓優秀的人才有所發揮之處。他為台灣知名出版家、成功學大師和補教界巨擘——王晴天大師曾於 2014 年創辦「王道增智會」，秉持舉辦優質課程、提供會員最高福利的理念，不斷開辦各類公開招生的教育與培訓課程，課程內容多元且強調實做與事後追蹤，每一堂課均帶給學員們精采、高CP 值的學習體驗。不僅提升學員的競爭力與各項核心能力，更讓

學員在課堂上有實質收穫，絕對讓學員過上和以往不一樣的人生！

　　許多優秀的講師們，儘管有滿腹專才，也具備開班授課所需之資質，卻不知如何開啟與學員接觸的大門，甚至不知如何招生因而使專業無法發揮。王董事長便結合北京世界華人講師聯盟，集合各界優秀有潛力的講師群，為學員打造主題多元優質課程的同時，也提供一個讓講師發揮的平台，讓學員得以實踐「參加講師培訓結業後立即就業」的理念，並讓學員與講師相互交流，形成知識的傳承與流轉。此外，更搭配專屬雜誌，幫助講師建立形象，並增加曝光與宣傳機會。每年舉辦世界華人八大明師大會與亞洲八大高峰會至今，參與過的學員更已達 150,000 人。更於 2017 年與魔法弟子群合作創立了「全球華語講師聯盟」，給予優秀人才發光發熱的舞台。

　　「全球華語講師聯盟」是亞洲頂尖商業教育培訓機構，它創始於 2018 年 1 月 1 日，全球總部位於台北，海外分支機構分別位於北京、杭州、上海、重慶、廣州與新加坡等據點。我們以「**國際級知名訓練授權者◎華語講師領導品牌**」為企業定位，整個集團的課程、產品及服務研發，皆以傳承自 2500 年前人類智慧結晶的「曼陀羅」思考模式為根本，不斷開創 21 世紀社會競爭發展趨勢中最重要的心智科技，協助所有企業及個人同步落實知識經濟時代最重要的知識管理系統，成為最具競爭力的知識工作者，更有系統地實

踐夢想，形成志業般的知識服務體系。

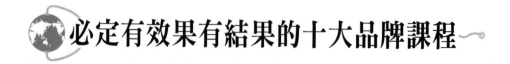
必定有效果有結果的十大品牌課程

① BUSINESS & YOU

魔法講盟董事長王晴天博士，致力於成人培訓事業已經許多年了，一直在尋尋覓覓尋找世界最棒的課程，於是好不容易在 2017年找到了一門由世界五位知名的培訓元老大師所接力創辦的 Business & You。於是魔法講盟投注巨資代理其華語權之課程，並將全部課程中文化，目前以台灣培訓講師為中心，已向外輻射中國大陸各省，從北京、上海、杭州、重慶、上海、廣州等地均已陸續開課，未來三年內目標將輻射中國及東南亞 55 個城市。

Business & You 的課程結合全球培訓界三大顯學——激勵‧能力‧人脈，全球據點從台北、北京、上海、廣州、杭州、重慶輻射開展，專業的教練手把手落地實戰教學，啟動您的成功基因！Business & You 是讓你同時擁有成功事業&快樂人生的課程，由多位世界級大師聯手打造的史上最強培訓課程。

BU完整課程由**1日齊心論劍班＋2日成功激勵班＋3日快樂創業班＋4日OPM眾籌談判班＋5日市場 ing 行銷專班**共 15 日班構成，整合成功激勵學與落地實戰派，借力高端人脈建構自己的魚池，讓您徹底了解《借力與整合的秘密》，更令您一舉躍進人生勝利組，幫助您創造價值與財富，得到金錢與心靈的富足，進而邁入自我實現之路。

延伸閱讀

《借力與整合的秘密》
創見文化出版
王晴天◎著

只需十五天的時間，學會如何掌握個人及企業優勢，整合資源打造利基，創造高倍數斜槓槓桿，讓財富自動流進來！

⑴**一日齊心論劍班**：由王博士帶領講師及學員們至山明水秀之秘境，大家相互認識，彼此會心理解，共創人生事業之最高峰。

⑵**二日成功激勵班**：以NLP科學式激勵法，激發潛意識與左右腦併用，搭配 BU 獨創的創富成功方程式，同時完成內在與外在之富足，並藉

延伸閱讀

《無敵談判：
談出你的商業帝國》
創見文化出版
羅傑・道森、
杜云生◎著

由最有效複製的know-how持續且快速地增加您財富數字後的「0」。

⑶ **三日快樂創業班**：保證教會您成功創業、財務自由、組建團隊與開拓人脈，並提升您的人生境界，達成真正快樂的幸福人生。

⑷ **四日 OPM 眾籌談判班**：手把手教您（魔法）眾籌與BM（商業模式）之T&M，輔以無敵談判術與從零致富的 AVR 體驗，完成系統化的被動收入模式，參加學員均可由二維空間的財富來源圖之左側的E與S象限，進化到右側的 B 與 I 象限。從優化眾籌提案到避開相關法律風險，由兩岸眾籌教練第一名師親自輔導您至成功募集資金、組建團隊、成功創業為止！

⑸ **五日市場 ing 行銷專班**：以史上最強、最完整行銷學《市場ing》（BU棕皮書）之「接、建、初、追、轉」為主軸，傳授您絕對成交的秘密與終極行銷之技巧，課間並整合了642WWDB絕學與全球行銷大師核心秘技之專題研究，讓您迅速蛻變成銷售絕頂高手，超越卓越，笑傲商場！堪稱目前地表上最強的行銷培訓課程。

延伸閱讀

《成交的秘密》
創見文化出版
王晴天◎著

BUSINESS & YOU
最落地的實務課程

② WWDB642

為直銷的成功保證班，當今業界許多
優秀的領導人均出自這個系統，在完整且
嚴格的訓練下，擁有一身好本領，從一個
人到創造萬人團隊，十倍速倍增收入，財
富自由！傳直銷收入最高的高手們都在使
用的 WWDB642 已全面中文化，絕對正統
且原汁原味！從美國引進，獨家取得授權！
未和任何傳直銷機構掛勾，絕對獨立、維
持學術中性！結訓後可成為 WWDB642 講
師，至兩岸各城市授課。

延伸閱讀

《642：神奇的
創富複製系統》
創見文化出版
王晴天◎著

③ 公眾演說

建構個人影響力的兩種大規模殺傷性武器就是公
眾演說＆出一本自己的書，若是演說主題與出書主題
一致更具滲透力！透過「費曼式學習法」達於專家之

公眾演說班
網頁傳送門

境。魔法講盟的公眾演說課程，由專業教練傳授獨一無二的銷講公式，保證讓您脫胎換骨成為超級演說家，週二講堂的小舞台與亞洲或全球八大明師盛會的大舞台，讓您展現培訓成果，透過出書與影音自媒體的加持，打造講師專業形象！完整的實戰訓練＋個別指導諮詢＋終身免費複訓，保證晉級 A 咖中的 A 咖！

延伸閱讀

《公眾演說的秘密》
創見文化出版
王晴天◎著

④ 出書出版班

　　由出版界傳奇締造者王晴天大師、超級暢銷書作家群、知名出版社社長與總編、通路採購聯合主講，陣容保證全國最強，PWPM 出版一條龍的完整培訓，讓您藉由出一本書而名利雙收，掌握最佳獲利斜槓與出版佈局，佈局人生，保證出書。快速晉升頂尖專業人士，打造權威帝國，從No-body 變成 Somebody！

延伸閱讀

《暢銷書作家
是怎樣煉成的》
典藏閣出版
王晴天◎著

　　我們的職志、不僅僅是出一本書而已，而且出的書都要必須是暢銷書才行！

本班課程於魔法講盟采舍國際集團中和出版總部授課，教室位於捷運環狀線中和站與橋和站之間，現場書庫有數萬種圖書可供參考，魔法講盟集團上游八大出版社與新絲路網路書店均在此處。於此開設出書出版班，意義格外重大！

寫書與出版
實務作者班
報名傳送門

⑤ 眾籌

終極的商業模式為何？借力的最高境界又是什麼？如何解決創業跟經營事業的一切問題？網路問世以來最偉大的應用是什麼？答案將在王晴天博士的「眾籌」課程中一一揭曉。教練的級別決定了選手的成敗！在大陸被譽為兩岸培訓界眾籌第一高手的王晴天博士，已在中國大陸北京、上海、廣州、深圳開出多期眾籌落地班，班班爆滿！眾籌班完整課程，手把手教會您眾籌全部的技巧與眉角，課後立刻實做，立馬見效。在群眾募資的世界裡，當你真心渴望某件事時，整個宇宙都會聯合起來幫助你完成。

延伸閱讀

《眾籌：無所不籌・
夢想落地》
創見文化出版
王晴天◎著

魔法講盟創建的 5050 魔法眾籌平台，提供品牌行銷、鐵粉凝聚、接觸市場的機會，讓你的產品、計畫和理想被世界看見，將「按讚」的認同提升到「按贊助」的行動，讓夢想不再遙不可及。透過 5050 魔法眾籌平台的發佈，讓您在很短的時間內集資，藉由魔法講盟最強的行銷體系、出版體系、雜誌進行曝光，讓籌資者實際看到宣傳的時機與時效，助您在很短的時間內完成您的一個理想、一個期望甚至一個夢想，因為魔法講盟講求的就是結果與效果！

5050
魔法眾籌
報名傳送門

⑥ 國際級講師培訓

不論您是未來將成為講師，或是已擔任專業講師，透過完整的訓練系統培養授課管理能力，系統化課程與實務演練，協助您一步步成為世界級一流的講師！兩岸百強PK大賽遴選台灣優秀講師並將其培訓成國際級講師，給予優秀人才發光發熱的舞台，您可以講述自己的項目或是魔法講盟代理的課程以創造收入，生命就此翻轉！

超級好講師
報名傳送門

⑦ 接班人密訓計畫

針對企業接班及產業轉型所需技能而設計，由各大企業董事長們親自傳授領導與決策的心法，涵養思考力、溝通力、執行力之成

功三翼，透過模組演練與企業觀摩，引領接班人快速掌握組織文化、挖掘個人潛力累積人脈存摺！目前已有十數家集團型企業委託魔法講盟培訓接班人團隊！

⑧ 打造自動賺錢機器

迎接新零售與社群電商的新時代來臨，魔法講盟結合台灣最大直銷通路東森集團，開創新連鎖事業，領先業界的最新商業模式與獎勵計畫，整合線上電商平台、線下實體通路以及會員經濟，產生倍數型成果，不僅能得到好產品、健康與美麗，買多還有現金回饋，創造可觀收入，共享利潤，透過眾人力量建立組織團隊，建構WWDB新世界！

打造自動
賺錢機器
報名傳送門

延伸閱讀

《打造自動賺錢機器》
創見文化出版
王晴天等大師◎著

⑨ 區塊鏈國際認證講師班

由國際級專家教練主持，即學・即賺・即領證！一同賺進區塊鏈新紀元！特別對接大陸高層和東盟區塊鏈經濟研究院的院長來台授課，是唯一在台灣上課就可以取得大陸官方認證機構頒發的國際授課證照的

區塊鏈國際
認證講師班
報名傳送門

課程！除了魔法講盟會優先與取得證照的老師在大陸合作開課外，也額外開設區塊鏈講師班、區塊鏈創業課程、區塊鏈商業模式總裁班，分別針對欲成為區塊鏈專業講師、體驗實際區塊鏈應用、晉升區塊鏈資產管理師的您鋪路！在大幅增強自己的競爭力與大半徑的人脈圈的同時，也賺進大把人民幣！

延伸閱讀

《區塊鏈》
創見文化出版
王晴天◎著

⑩ 密室逃脫創業秘訓

所有創業會遇到的種種挑戰，轉換成 12 道主題任務枷鎖：創業資金、人才管理、競爭困境、會計法務……由專業教練手把手帶你解開謎題，突破創業困境，保證輔導您至創業成功為止，密室逃脫 seminar 等你來挑戰！

密室逃脫
創業育成
報名傳送門

魔法講盟由神人級的領導核心——王晴天博士，以及家人般的團隊夥伴——魔法弟子群，搭建最完整的商業模式，共享資源與利潤，朝著堅定明確的目標與願景前進。別再孤軍奮戰了，趕快加入魔法講盟創造個人價值，再創人生巔峰。魔法絕頂，盍興乎來！

華文 全球最大的自資出版平台

www.book4u.com.tw/mybook

出書5大保證

創意寫作 **1**

寫作培訓：創作真簡單！
我們備有專業培訓課程，讓您從基礎開始學習創作，晉身斐然成章的作家之列。

2 專業諮詢

意見提供：專業好建議！
無論是寫作計畫、出版企畫等各種疑難雜症，我們都提供專業諮詢，幫您排解出書的問題。

規劃編排 **3**

編輯修潤：編排不苦惱！
本平台將配合您的需求，為書籍作最專業的規劃、最完善的編輯，讓您可專注創作。

4 印刷出版

成書出版：內外皆吸睛！
從交稿至出版，每個環節均精心安排、嚴格把關，讓您的書籍徹底抓住讀者目光。

通路行銷 **5**

品牌效益：曝光增收益！
我們擁有最具魅力的品牌、最多元的通路管道，最強大的行銷手法，讓您輕鬆坐擁收益。

> 打造優質書籍，
> 為您達成夢想！

香港 吳主編 mybook@mail.book4u.com.tw　 學參 陳社長 sharon@mail.book4u.com.tw

全球華人 BU

學習之旅
暢玩寶島，探索知性

　　全球華人培訓第一品牌魔法講盟，於每年春秋兩季隆重推出七天六夜的「學習之旅」頂級課程，號召全球華人共襄盛舉！

　　結合國際級頂級培訓課程與台灣第一泉秘境深度旅遊，豐富多元的活動安排，拓展您的視野、加乘您的人脈圈、提升您的能力，七天六夜的密集培訓保證讓您脫胎換骨再創巔峰。

七天六夜含食宿優惠價

★ NT $198,000
★ RMB ¥48,000
★ US $6,800
★ € 6,200
★ £ 5,500
★ 魔法幣 96,000

成功報名再送——
價值 20 萬元的華文四大奇書

保證前無古人、
　　後無來者！

開課日期及詳細授課資訊，請上
新絲路官網 silkbook○com 查詢
或撥打客服專線 02-8245-8318

素人崛起，從出書開始！

全國最強 **4** 天培訓班，見證人人出書的奇蹟。

讓您借書揚名，建立個人品牌，
晉升專業人士，帶來源源不絕的財富。

擠身暢銷作者四部曲，我們教你：

企劃怎麼寫／ 撰稿速成法／
出版眉角／ 暢銷書行銷術／

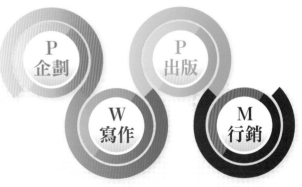

P 企劃

P 出版

W 寫作

M 行銷

★ 如何讓別人在最短時間內對你另眼相看？
★ 要如何迅速晉升 A 咖、專家之列？
★ 我的產品與服務要去哪裡置入性行銷？
★ 快速成功的捷徑到底是什麼？
★ 生命的意義與價值要留存在哪裡？

答案就是出一本書！

當名片式微，出書取代名片才是王道！

保證出書

Publish for You,
Making Your Dreams
Come True.

人人適用的成名之路：出書

當大部分的人都不認識你，不知道你是誰，他們要如何快速找到你、了解你、與你產生連結呢？試想以下的兩種情況：

➲ **不用汲汲營營登門拜訪，就有客戶來敲門，你覺得如何？**

➲ **有兩個業務員拜訪你，一個有出書，另一個沒有，請問你更相信誰？**

無論行銷任何產品或服務，當你被人們視為「專家」，就不再是「你找他人」，而是「他人主動找你」，想達成這個目標，關鍵就在「出一本書」。

透過「出書」，能迅速提升影響力，建立「專家形象」。在競爭激烈的現代，「出書」是建立「專家形象」的最快捷徑。

想成為某領域的權威或名人？出書就是正解！

體驗「名利雙收」的12大好處

　　暢銷書的魔法，絕不僅止於銷售量。當名字成為品牌，你就成為自己的最佳代言人；而書就是聚集粉絲的媒介，進而達成更多目標。當你出了一本書，隨之而來的，將是12個令人驚奇的轉變：

01 增強自信心

　　對每個人來說，看著自己的想法逐步變成一本書，能帶來莫大的成就感，進而變得更自信。

02 提高知名度

　　雖然你不一定能上電視、錄廣播、被雜誌採訪，但卻絕對能出一本書。出書，是提升知名度最有效的方式，出書＋好行銷＝知名度飆漲。

03 擴大企業影響力

　　一本宣傳企業理念、記述企業如何成長的書，是一種長期廣告，讀者能藉由內文，更了解企業，同時產生更高的共鳴感，有時比花錢打一個整版報紙或雜誌廣告的效果要好得多，同時也更能讓公司形象深入人心。

04 滿足內心的榮譽感

　　書，向來被視為特別的存在。一個人出了書，便會覺得自己完成了一項成就，有了尊嚴、光榮和地位。擁有一本屬於自己的書，是一種特別的享受。

05 讓事業直線上衝

　　出一本書，等於讓自己的專業得到認證，因此能讓求職更容易、升遷更快捷、加薪有籌碼。很多人在出書後，彷彿打開了人生勝利組的開關，人生和事業的發展立即達到新階段。出書所帶來的光環和輻射效應，不可小覷。

06 結識更多新朋友

在人際交往愈顯重要的今天，單薄的名片並不能保證對方會對你有印象；贈送一本自己的書，才能讓人眼前一亮，比任何東西要能讓別人記住自己。

07 讓他人刮目相看

把自己的書，送給朋友，能讓朋友感受到你對他們的重視；送給客戶，能贏得客戶的信賴，增加成交率；送給主管，能讓對方看見你的上進心；送給部屬，能讓他們更尊敬你；送給情人，能讓情人對你的專業感到驚艷。這就是書的魅力，能讓所有人眼睛為之一亮，如同一顆糖，送到哪裡就甜到哪裡。

08 塑造個人形象

出書，是自我包裝效率最高的方式，若想成為社會的精英、眾人眼中的專家，就讓書替你鍍上一層名為「作家」的黃金，它將持久又有效替你做宣傳。

09 啟發他人，廣為流傳

把你的人生感悟寫出來，不但能夠啟發當代人們，還可以流傳給後世。不分地位、成就，只要你的觀點很獨到，思想有價值，就能被後人永遠記得。

10 闢謠並訴說心聲

是否曾經對陌生人的中傷、身邊人的誤解，感到百口莫辯呢？又或者，你身處於小眾文化圈，而始終不被理解，並對這一切束手無策？這些其實都可以透過出版一本書糾正與解釋，你可以在書中盡情袒露心聲，彰顯個性。

11 倍增業績的祕訣

談生意，尤其是陌生開發時，遞上個人著作 & 名片，能讓客戶立刻對你刮目相看，在第一時間取得客戶的信任，成交率遠高於其他競爭者。

12 給人生的美好禮物

歲月如河，當你的形貌漸趨衰老、權力讓位、甚至連名氣都漸趨平淡時，你的書卻能為你留住人生最美好的的黃金年代，讓你時時回味。

書的面子與裡子，全部教給你！

★出版社不說的暢銷作家方程式★

P — 說服出版社的神企劃

W — 加速寫作的方程式

P — 增加優勢的出版眉角

M — 衝上排行榜的行銷術

暢銷書都是這麼煉成的！

P PLANNING 企劃 好企劃是快速出書的捷徑！

投稿次數＝被退稿次數？對企劃毫無概念？別擔心，我們將在課堂上公開出版社的審稿重點。從零開始，教你神企劃的 NO.1 方程式，就算無腦套用，也能讓出版社眼睛為之一亮。

W WRITING 寫作 卡住只是因為還不知道怎麼寫！

動筆是完成一本書的必要條件，但寫作路上，總會遇到各種障礙，靈感失蹤、沒有時間、寫不出那麼多內容⋯⋯在課堂上，我們教你主動創造靈感，幫助你把一個好主意寫成暢銷書。

P PUBLICATION 出版 　懂出版，溝通不再心好累！

　　為什麼某張照片不能用？為什麼這邊必須加字？我們教你出版眉角，讓你掌握出版社的想法，研擬最佳話術，讓出書一路無礙；還會介紹各種出版模式，剖析優缺點，選出最適合你的出版方式。

M MARKETING 行銷 　100% 暢銷保證，從行銷下手！

　　書的出版並非結束，而是打造個人品牌的開始！資源不足？知名度不夠？別擔心，我們教你素人行銷招式，搭配魔法講盟的行銷活動與資源，讓你從第一本書開始，創造素人崛起的暢銷書傳奇故事。

魔法講盟出版班：優勢不怕比

		魔法講盟 出書出版班		普通寫作出書班
①	課程完整度	完整囊括 PWPM	勝	只談一小部分
②	講師專業度	各大出版社社長	勝	不一定是業界人士
③	課堂互動	理論教學＋分組實作	勝	只講完理論就結束
④	課後成果	有實際的 SOP 與材料	勝	聽完之後還是無從下手
⑤	學員指導程度	多位社長分別輔導	勝	一位講師難以照顧學生
⑥	上完課是否能 直接出書	● 是出版社，直接談出書 ● 出版模式最多元，保證出書	勝	上課歸上課，要出書還是必 須自己找出版社

大多數人都以為投稿是寄稿件給出版社的代名詞，NO！所謂投稿，是要投一份吸睛的「出書企劃」。只要這一點做對了，就能避開80%的冤枉路，超越其他人，成功簽下書籍作品的出版合約。

企劃，就像是出版的火車頭，必須由火車頭帶領，整輛火車才會行駛。那麼，什麼樣的火車頭，是最受青睞的呢？要提案給出版社，最重要的就是讓出版社看出你這本書的「市場價值」。除了書的主題 & 大綱目錄之外，也千萬別忘了作者的自我推銷，比如現在很多網紅出書，憑藉的就是作者本身的號召力。

光憑一份神企劃，有時就能說服出版社與你簽約。先用企劃確定簽約關係後，接下來只需要將你的所知所學訴諸文字，並與編輯合作，就能輕鬆出版你的書，取得夢想中的斜槓身分 ── 作家。

企劃這一步成功後，接下來就順水推舟，直到書出版的那一天。

關於 Planning，我們教你：

📝 提案的方法，讓出版社樂意與你簽約。

📝 具賣相的出書企劃包含哪些元素 & 如何寫出來。

📝 如何建構作者履歷，讓菜鳥寫手變身超新星作家。

📝 如何鎖定最夯議題 or 具市場性的寫作題材。

📝 吸睛、有爆點的文案，到底是如何寫出來的。

📝 如何設計一本書的架構，並擬出目錄。

📝 投稿時，如何選擇適合自己的出版社。

📝 被退稿或石沉大海的企劃，要如何修改。

Writing 菜鳥也上手的寫作

　　寫作沒有絕對的公式，平凡、踏實的口吻容易理解，進而達到「廣而佈之」的效果；匠氣的文筆則能讓讀者耳目一新，所以，寫書不需要資格，所有的名作家，都是從素人寫作起家的。

　　雖然寫作是大家最容易想像的環節，但很多人在創作時還是感到負擔，不管是心態上的過不去（自我懷疑、完美主義等），還是技術面的難以克服（文筆、靈感消失等），我們都將在課堂上一一破解，教你加速寫作的方程式，輕鬆達標出書門檻的八萬字或十萬字。

　　課堂上，我們將邀請專業講師 & 暢銷書作家，分享他們從無到有的寫書方式。本著「絕對有結果」的精神，我們只教真正可行的寫作方法，如果你對動輒幾萬字的內文感到茫然，或者想要獲得出版社的專業建議，都強烈推薦大家來課堂上與我們討論。

　　學會寫作方式，就能無限複製，創造一本接著一本的暢銷書。

關於 Writing，我們教你：

- 了解自己是什麼類型的作家 & 找出寫作優勢。
- 巧妙運用蒐集力或 ghost writer，借他人之力完成內文。
- 運用現代科技，讓寫作過程更輕鬆無礙。
- 經驗值為零的素人作家如何寫出第一本書。
- 有經驗的寫作者如何省時又省力地持續創作。
- 如何刺激靈感，文思泉湧地寫下去。
- 完成初稿之後，如何有效率地改稿，充實內文。

找靈感
產出內文
借助寫手
IDEA

Publication 懂出版的作家更有利

完成書的稿件，還只是開端，要將電腦或紙本的稿件變成書，需要同時藉助作者與編輯的力量，才有可看的內涵與吸睛的外貌，不管是封面設計、內文排版、用色學問，種種的一切都能影響暢銷與否；掌握這些眉角，就能斬除因不懂而產生的誤解，提升與出版社的溝通效率。

另一方面，現在的多元出版模式，更是作家們不可不知的內容。大多數人一談到出書，就只想到最傳統的紙本出版，如果被退稿，就沒有其他辦法可想；但隨著日新月異的科技，我們其實有更多出版模式可選。你可以選擇自資直達出書目標，也可以轉向電子書，提升作品傳播的速度。

條條道路皆可圓夢，想認識各個方案的優缺點嗎？歡迎大家來課堂上深入了解。你會發現，自資出版與電子書沒有想像中複雜，有時候，你與夢想的距離，只差在「懂不懂」而已。

出版模式沒有絕對的好壞，跟著我們一起學習，找出最適解。

關於 Publication，我們教你：

- 依據市場品味，找到兼具時尚與賣相的設計。
- 基礎編務概念，與編輯不再雞同鴨講。
- 身為作者必須了解的著作權注意事項。
- 電子書的出版型態、製作方式、上架方法。

- 自資出版的真實樣貌 & 各種優惠方案的諮詢。
- 取得出版補助的方法 & 眾籌出書，大幅減低負擔。

Marketing 行銷布局，打造暢銷書

　　一路堅持，終於出版了你自己的書，接下來，就到了讓它大放異彩的時刻了！如果你還以為所謂的書籍行銷，只是配合新書發表會露個臉，或舉辦簽書會、搭配書店促銷活動，就太跟不上二十一世紀的暢銷公式了。

　　要讓一本書有效曝光，讓它在發行後維持市場熱度、甚至加溫，刷新你的銷售紀錄，靠的其實是行銷布局。這分成「出書前的布局」與「出書後的行銷」。大眾對於銷售的印象，90% 都落在「出書後的行銷」（新書發表會、簽書會等），但許多暢銷書作家，往往都在「布局」這塊下足了功夫。

　　事前做好規劃，取得優勢，再加上出版社的推廣，就算是素人，也能秒殺各大排行榜，現在，你可不只是一本書的作者，而是人氣暢銷作家了！

　　好書不保證大賣，但有行銷布局的書一定會好賣！

關於 Marketing，我們教你：

- 新書衝上排行榜的原因分析 & 實務操作的祕訣。
- 善用自媒體 & 其他資源，建立有效的曝光策略。
- 素人與有經驗的作家皆可行的出書布局。
- 成為自己的最佳業務員，延續書籍的熱賣度。
- 如何善用書腰、贈品等周邊，行銷自己的書。
- 網路 & 實體行銷的互相搭配，創造不敗攻略。
- 推廣品牌 & 服務，讓書成為陌生開發的利器。

布局

周邊

網路

活動

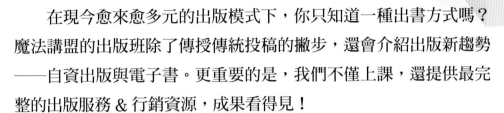

掌握出版新趨勢，保證有結果！

在現今愈來愈多元的出版模式下，你只知道一種出書方式嗎？魔法講盟的出版班除了傳授傳統投稿的撇步，還會介紹出版新趨勢——自資出版與電子書。更重要的是，我們不僅上課，還提供最完整的出版服務＆行銷資源，成果看得見！

一、傳統投稿出版： 理論 & 實作的 NO.1 選擇

魔法講盟出版班的講師，包括各大出版社的社長，因此，我們將以業界的專業角度＆經驗，100％解密被退稿或石沉大海的理由，教你真正能打動出版社的策略。

除了 PWPM 的理論之外，我們還會以小組方式，針對每個人的選題＆內容，悉心個別指導，手把手教學，親自帶你將出書夢化為暢銷書的現實。

二、自資出版： 最完整的自資一條龍服務

不管你對自資出版有何疑惑，在課堂上都能得到解答！不僅如此，我們擁有全國最完整的自費出版服務，不僅能為您量身打造自助出版方案、替您執行編務流程，還能在書發行後，搭配行銷活動，將您的書廣發通路、累積知名度。

別讓你的創作熱情，被退稿澆熄，我們教你用自資管道，讓出版社後悔打槍你，創造一人獨享的暢銷方程式。

三、電子書： 從製作到上架的完整教學

隨著科技發展，每個世代的閱讀習慣也不斷更新。不要讓知識停留在紙本出版，但也別以為電子書是萬靈丹。在課堂上，我們會告訴你電子書的真正樣貌，什麼樣的人適合出電子書？電子書能解決 & 不能解決的面向為何？深度剖析，創造最大的出版效益。

此外，電子書的實際操作也是課程重點，我們會講解電子書的製作方式與上架流程，只要跟著步驟，就能輕鬆出版電子書，讓你的想法能與全世界溝通。

<h3 style="text-align:center;">紙電皆備的出版選擇，圓夢最佳捷徑！</h3>

ESBIH課程

真健康＋大財富＝真正的成功

你還在汲汲營營於累積財富嗎？
「空有財富，健康堪虞」的人生，
絕不能算是真正的成功！
如今，有一種新商機現世了！
它能助你在調節自身亞健康狀態的同時，
也替你創造被動收入，賺進大把鈔票。

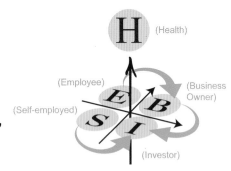

H (Health)

(Employee) (Business Owner)

(Self-employed)

E B

S I

(Investor)

現在，給自己一個機會，積極了解這個「賺錢、自用兩相宜」的新商機，如何為你創造ESBIH三維「成功」卦限！

歡迎在每月的 { 第一個週五下午2：30～8：30 第二個週五晚上5：30～8：30 } 前來中和魔法教室！

魔法講盟特聘台大醫學院級別醫師會同Jacky Wang博士與David Chin醫師共同合作，開始一連串免費授課講座。

課中除了教授您神秘的回春大法，

還為您打造一台專屬的自動賺錢機器！

讓您在逆齡的同時也賺進大筆財富，

完美人生的成功之巔就等你來爬！

詳情開課日期及授課資訊，請掃描QR Code或撥打真人客服專線
02-8245-8318，亦可上新絲路官網 silkbook◦com www.silkbook.com查

14

原來逆齡可以這麼簡單！

利人利己，共好雙贏

眾所周知，現今的「抗衰老」方法，只有「幹細胞」與「生長激素」兩大方向。

但，無論從事哪一種療法，都所費不貲，甚至還可能造成人體額外的負擔！

那麼，有沒有一種既省錢，又能免去副作用的回春大法？

有！風靡全歐洲的「順勢療法」讓您在後疫情時代活得**更年輕、更健康**！

現在，**魔法講盟** 特別開設一系列**免費**課程，為您解析抗衰老奧秘！

☆ 參加這門課程，可以學到什麼？

- ✓ 剖析逆齡回春的奧秘
- ✓ 掌握改善亞健康的方式
- ✓ 窺得延年益壽的天機
- ✓ 跟上富人的投資思維
- ✓ 打造自動賺錢金流
- ✓ 獲得真正的成功

時間	**2020**	9/4(五)14:30	9/11(五)17:30	11/6(五)14:30
		11/13(五)17:30	12/4(五)14:30	12/11(五)17:30
	2021	1/8(五)17:30	2/5(五)14:30	3/5(五)14:30
		3/12(五)17:30	4/9(五)17:30	5/7(五)14:30
		5/14(五)17:30	6/4(五)14:30	6/11(五)17:30
		7/2(五)14:30	7/9(五)17:30	… …
地點	**中和魔法教室** 新北市中和區中山路二段366巷10號3樓 （位於捷運環狀線中和站與橋和站間， COSTCO 對面郵局與 Ⓥ 福斯汽車間巷內）			

課中除了教你如何轉換平面的ESBI象限，

更為你打造完美的H（Health）卦限！

ESBIH構成的三維空間，才是真正的成功！

真永是真

本世紀全球華人圈最偉大的高端演講
Knowledge Feast Lecture
真理指引の知識服務

真是真

~王晴天與您講道理的人生大課

讀萬卷書，
不如行萬里路，
行萬里路，不如閱人無數，
閱人無數，不如名師指路，
名師指路，不如跟隨成功者的腳步，
跟隨成功者腳步，不如高人點悟！
經過歷史實踐和理論驗證的真知，
蘊藏著深奧的道理與大智慧。
晴天大師用三十年的體驗與感悟，
為你講道理、助你明智開悟！
為你的工作、生活、人生「導航」，
從而改變命運、實現夢想，
成就最好的自己！

台灣版《時間的朋友》～
「真永是真」知識饗宴

邀您一同追求真理 ·
分享智慧 · 慧聚財富！

時間 ▶ **2020**場次**11/7(六)13:30~21**
▶ **2021**場次**11/6(六)13:30~21**
地點 ▶ 新店台北矽谷國際會議中心

（新北市新店區北新路三段223號 ❀ 捷運大坪林站

報名或了解更多、2022 年日程請掃碼查詢
或撥打真人客服專線 (02) **8245-8318**

台灣最大培訓機構&學習型組織 **魔法講盟**